国家级课题“关于五年制学前教育专业课程与教学研究”研究成果
职业院校学前教育专业“十三五”规划教材

信息技术应用基础

XINXI JISHU YINGYONG JICHU

张雪松 王 姝 主 编
张 巍 卢贞琦 张 宁 副主编

中国铁道出版社
CHINA RAILWAY PUBLISHING HOUSE

内 容 简 介

本书以教育部“中等职业学校计算机应用基础教学大纲”为依据，针对中等职业教育教学改革的新需求及计算机技术的快速发展编写而成。主要内容包括：计算机应用基础、Windows 7 操作系统、幼儿园常用文档制作、电子表格处理软件 Excel 2010、幼儿园课件设计。内容围绕计算机应用基础课程教学目标，强调实用性、操作性和学前教育专业的专业性，采用“任务教学”的编排方式，充分体现了“做中学，做中教”的教学理念。

本书适合作为职业院校学前教育专业计算机基础课程的教材，也可作为计算机爱好者的自学用书。

图书在版编目（CIP）数据

信息技术应用基础/张雪松，王姝主编. —北京：中国铁道出版社，2017.8
职业院校学前教育专业“十三五”规划教材
ISBN 978-7-113-23020-3

Ⅰ.①信… Ⅱ.①张… ②王… Ⅲ.①电子计算机－中等专业学校－教材 Ⅳ.①TP3

中国版本图书馆CIP数据核字（2017）第092209号

书　　名：信息技术应用基础
作　　者：张雪松　王姝　主编

策　　划：陈　文　　读者热线：（010）63550836
责任编辑：陈　文　彭立辉
封面设计：刘　颖
封面制作：白　雪
责任校对：张玉华
责任印制：郭向伟

出版发行：中国铁道出版社（100054，北京市西城区右安门西街 8 号）
网　　址：http://www.tdpress.com/51eds/
印　　刷：北京尚品荣华印刷有限公司
版　　次：2017 年 8 月第 1 版　2017 年 8 月第 1 次印刷
开　　本：787 mm×1092 mm　1/16　印张：9.25　字数：187 千
书　　号：ISBN 978-7-113-23020-3
定　　价：24.00 元

序 FOREWORD

为了解决我国学前教育学科化倾向严重的问题，中国职业技术教育学会设立了学前教育专业课程与教学研究课题。经过深入学前教育机构开展调研，结合对学前教育发达国家的经验研究发现：幼儿教育生活化、生产化、游戏化是主流模式。为此，成立了由课程专家、教材专家、幼教专家、教育技术专家和高级编辑组成的五位一体的学前教育专业教材设计编写专家组，开发设计了能反映现代学前教育新理念、现代教育新技术的教材。

首先，为了破除学科化，体现生活化、生产化、游戏化的学前教育特点，这套教材建立在活动课程的基础上，文化艺术课程类教材都采用了效果导向的“做中学”的教材结构设计，反映了文化艺术类课程教学效果导向的特点，这对于培养从事学前教育专业文化艺术课程教学的学前教育教师特质，将起到十分关键的作用。

其次，为了将丰富多彩、色彩斑斓的世界展现在学生面前，陶冶他们的情操，也为他们进入幼儿园从教后，熟练运用虚拟现实技术（VR）、增强现实技术（AR），这套教材的设计充分利用了虚拟现实技术、增强现实技术，力图通过学生的视觉、听觉、触觉等多个感官，接受教材教学信息，增强教材的功能和效能。

第三，为了丰富教材内容，这套教材的分册利用二维码与吉林音像出版社的视频和音频连接起来，教师在教学过程中，可以根据学生的兴趣、季节、场合等，选用相应的视频或音频。学生更可以在课前、课后随时随地调用、学习感兴趣的曲目，从而使学生能够充分认识各种教育数字资源的作用，形成寻找和挖掘教育数字资源库的良好习惯和现代教师的数字信息素养，以便于学生毕业入职后，能够在自己的教学中充分利用我国建设的相关教育数字资源库，提高自己的教学水平。

在每一本教材的教材目标、教材内容、教材结构、教材素材的设计和选择上，充分利用教材所承载的课程标准与国家职业资格标准、课程内容与典型职业活动、教学过程与职业活动逻辑、教材素材与职业活动案例的对接，力图去实现“做中学”。可以预见，这套理念、结构和体例体现学前教育专业教师成长规律的教材，将对我国学前教育专业教材设计编写起到示范作用，并将促进我国学前教育专业教师培养质量的提高。

2016年11月

前言

PREFACE

在人类进入信息时代的今天，信息和信息技术已成为社会发展的基本动力，因特网的蓬勃发展和电子商务的迅速崛起，数字化、网络化、电子化正在成为世界由工业社会走向信息社会的新的运行模式。教育信息化成为中国信息化领域最受关注的发展重点。

中等职业学校在培养未来高素质劳动者和技能型人才时，使学生掌握必备的计算机应用基础知识和基本技能，不仅可以提高学生应用计算机解决工作与生活中问题的能力，还可以为学生职业生涯发展和终身学习奠定基础。

对于学前教育专业的中职生来说，在掌握基本的信息应用知识之外，还要了解幼儿园信息设备应用；熟练掌握幼儿园中各种文稿、表格等的设计方法；灵活应用多种课件设计技巧，以达到幼儿园教学要求。

本书以教育部“中等职业学校计算机应用基础教学大纲”为依据，针对中等职业教育教学改革的新需求及计算机技术的快速发展编写而成。内容围绕计算机应用基础课程教学目标，强调实用性、操作性和学前教育专业的专业性，采用“任务教学”的编排方式，充分体现了“做中学，做中教”的教学理念。

本书分为5个单元，主要内容包括计算机应用基础、Windows 7操作系统、幼儿园常用文档制作、电子表格处理软件Excel 2010、幼儿园课件设计。

本书由张雪松、王姝任主编，张巍、卢贞琦、张宁任副主编。编写分工：张雪松、王姝编写单元一，张宁、张巍编写单元二，王姝编写单元三，张巍编写单元四，卢贞琦编写单元五。

由于编者水平有限，书中难免存在疏漏和不足之处，敬请广大读者批评指正。

编　者

2017年1月

目录

CONTENTS

1

单元一

计算机应用基础

21世纪以来，信息科技的飞速发展助推了全球化进程以及社会的进步。在信息时代，中等职业学校学前教育专业的学生应该注重培养信息素养、掌握本专业相关信息化设备的应用等。

任务一　了解计算机

学习目标

通过学习本任务，你将能够：

了解计算机技术的发展过程、趋势，以及计算机在信息时代的广泛应用等。

任务描述

计算机在生活中应用广泛，涉及多个领域，举例说明计算机常见应用方式，分析计算机各个发展阶段的特点以及当前计算机的发展趋势。

任务分析

要想达到理想的效果，学习本任务要注意以下几点：（1）计算机的5个发展阶段；（2）计算机的特点及发展趋势；（3）计算机的分类。

任务实施

一、了解计算机应用领域

请根据以下计算机在生产生活各领域中应用的描述，举出你所知道的实际例子。

（1）科学计算：完成科学研究和工程技术中所提出的数学计算问题。

举例：________________________________

（2）数据处理：办公自动化、企业管理、医疗管理和诊断等。

举例：________________________________

（3）辅助设计与制造：计算机辅助设计CAD、计算机辅助制造CAM。

举例：________________________________

（4）教育信息化：计算机辅助教学CAI、计算机辅助测试CAT。

举例：________________________________

（5）电子商务：以信息网络技术为手段，以商品交换为中心的商务活动。

举例：________________________________

（6）人工智能：计算机模拟人的智能活动。

举例：______________________________

（7）网络通信。

举例：______________________________

二、了解计算机的发展阶段

1946年2月14日，世界上第一台通用计算机ENIAC（Electronic Numerical Integrator And Computer，电子数字积分计算机）在美国宾夕法尼亚大学诞生，如图1-1-1所示。第二次世界大战期间，美国军方要求宾州大学莫奇来博士和他的学生爱克特设计以真空管取代继电器的“电子化”计算机——ENIAC，目的是用来计算炮弹弹道。这部机器使用了18 800个真空管，长50英尺（1英尺=0.3048 m），宽30英尺，占地1 500平方英尺（1平方英尺≈0.093 m^2），重达30 t（大约是一间半的教室大，六只大象重）。它的计算速度快，每秒可以进行5 000次的加法运算。

图1-1-1　世界第一台计算机（ENIAC）

计算机的4个发展阶段如表1-1-1所示。

表1-1-1　计算机的发展阶段

发展阶段	电子器件	软件	应用领域
第一代（1946年—1958年）	电子管	机器语言、汇编语言	军事与科研
第二代（1959年—1964年）	晶体管	高级语言、操作系统	数据处理和事务处理
第三代（1965年—1970年）	中、小规模集成电路	多种高级语言、完善的操作系统	科学计算、数据处理及过程控制
第四代（1971年至今）	大规模、超大规模集成电路	数据库管理系统 网络操作系统	人工智能、数据通信等各领域

此外，日本在1981年10月首先向世界宣告开始研制第五代计算机（截至2016年9月尚未研发成功）。第五代计算机与前四代计算机有着本质的区别，是一种更接近人的人工智能计算

机。它能理解人的语言、文字和图形，人无须编写程序，通过讲话就能对计算机下达命令，驱使它工作。它能将一种知识信息与另一种有关的知识信息连贯起来，作为对某一知识领域具有渊博知识的专家系统，成为人们从事某方面工作的得力助手和参谋。第五代计算机还是能“思考”的计算机，能帮助人进行推理、判断，具有逻辑思维能力。

三、了解计算机的发展趋势

目前，计算机正朝着以下几个方向发展：

（1）巨型化：指发展高速、大容量存储和强功能的巨型计算机。巨型计算机的研发水平反映了一个国家科学技术的发展水平。我国首台全部采用国产处理器构建的“神威·太湖之光”超级计算机（见图1-1-2）在研制上取得重大突破，并在2016国际超级计算大会中勇夺世界超级计算机TOP500桂冠，其峰值计算速度达每秒12.54亿亿次，持续计算速度每秒9.3亿亿次，性能功耗比为每瓦60.51亿次，三项关键指标均排名世界第一。

图1-1-2　我国自主研发的超级计算机“神威·太湖之光”

（2）微型化：用于仪表、家电、导弹弹头、智能手机、智能穿戴等。

（3）网络化：共享软件、硬件和数据资源等。

（4）智能化：模拟人的感觉、行为、思维过程。

（5）多功能化：渗透在各领域的应用如：教育信息化、医疗信息化、交通信息化等。

四、了解计算机的特点

计算机能够按照事先编制的程序接收数据、处理数据、存储数据并产生输出，整个过程具有以下几个特点：

（1）运算速度快。目前最快的超级计算机每秒能进行数亿亿次运算。

（2）运算精度高。计算机内部采用二进制运算，数值计算非常准确。

（3）具有记忆功能。能够“记忆”（存储）数据和程序，并能将处理或计算结果保存起来。

（4）具有逻辑判断功能。能够更巧妙地完成各种计算任务、过程控制和数据处理等。

（5）具有自动执行功能。将设计好的程序输入计算机，一旦向计算机发出命令，它就能自动按规定的步骤完成指定任务。

五、了解计算机的分类

按不同的标准，计算机有不同的分类方法。常见的计算机类型包括：个人计算机、平板计算机、一体机、服务器，以及大型计算机和超级计算机。

相关知识：智能穿戴

智能穿戴：又名可穿戴设备，是应用穿戴式技术对日常穿戴进行智能化设计、开发出可以穿戴的设备的总称，如眼镜、手套、手表、项链、手链、服饰及鞋等。

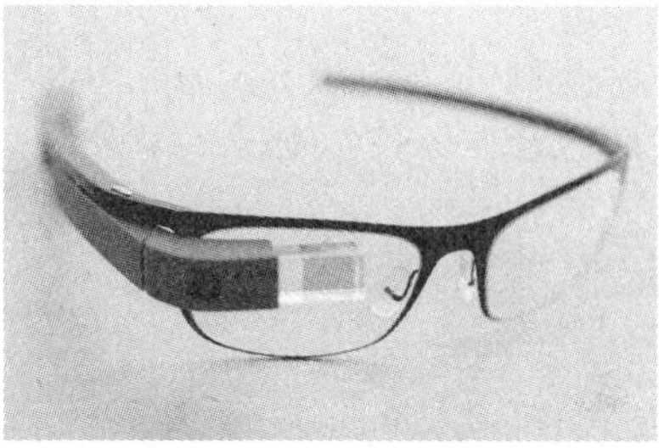

图1-1-3 谷歌眼镜

- 谷歌眼镜（Google Project Glass），是由谷歌公司于2012年4月发布的一款“拓展现实”眼镜（见图1-1-3），它将集智能手机、GPS、照相机于一身，在用户眼前展现实时信息。用户只要眨眨眼就能拍照上传、收发短信、查询天气路况等操作。用户无须动手便可上网冲浪或者处理文字信息和电子邮件。同时，戴上这款“拓展现实”眼镜，用户可以用自己的声音控制拍照、视频通话和辨明方向。在兼容性上，Google Glass可同任一款支持蓝牙的智能手机同步。
- 华为智能手表HUAWEI WATCH，是华为公司自主研发的智能手表（见图1-1-4），与大部分智能手表类似，这款设备非常小巧，保留了时间以及健康指标追踪等功能，与众不同的是这款设备还可以像蓝牙耳机一样用于无线通话，使得用户不必把手机拿出来就可以直接进行通话。其主要功能有：计步、测距，显示卡路里、心率以及检测睡眠等健康功能；无线通话功能；支持NFC以及IP57等级的三防功能。

图1-1-4 华为智能手表

民族企业简介——华为

华为技术有限公司是一家生产销售通信设备的民营通信科技公司，总部位于中国广东省深圳市龙岗区坂田华为基地。华为的产品主要涉及通信网络中的交换网络、传输网络、无线及有线固定接入网络和数据通信网络及无线终端产品，为世界各地通信运营商及专业网络拥有者提供硬件设备、软件、服务和解决方案。

2016年8月，全国工商联发布“2016中国民营企业500强”榜单，华为以3 950.09亿元的年营业收入成为500强榜首。

自创业伊始至2010年12月底，华为先后已递交了26 880份专利申请书。

华为经过10多年的努力拓展，已经初步成长为一个全球化公司。在海外设立了22个地区部、100多个分支机构。

华为技术有限公司主要创始人、总裁任正非，43岁才开始创业，一手把普通公司变成了闻名世界的科技王国，同时创立了开中国企业先河的企业治理方法。

学习评价

请结合完成的任务，进行下列评价：

评价内容	评价项目	评价内容	自我评价	改进措施
了解计算机	计算机发展阶段	列举5个发展阶段并说明各阶段的特点		
	计算机发展趋势	简述计算机的几大发展趋势		
	计算机特点	列举计算机的特点		
	计算机分类	列举计算机的分类		

思考与练习

查阅资料，寻找生活中的智能化设备。

任务二　掌握计算机数据与信息的表示方法

学习目标

通过学习本任务，你将能够：

（1）掌握计算机领域数据的单位、进制关系等；

（2）了解英、汉字符编码标准。

任务描述

日常生活中，人们接触最多的数值表示方法是十进制，而在计算机中，基本的数制是二进制。

任务分析

要想达到理想的效果，学习本任务要注意以下几点：（1）二进制与十进制的换算关系。（2）位与字节的换算关系。（3）能够区分ASCII码和汉字编码。

任务实施

一、了解二进制数

人类的计数方式通常是“逢十进一”，称为十进制（Decimal）。十进制是最自然的计数方式，阿拉伯数字0~9目前被广泛采用。在计算机领域处理信息和数据是用二进制（只有0、1两个数字），为书写和检查方便一般使用八进制和十六进制。采用二进制最重要的原因是二进制物理上更容易实现，因为电子元器件大多具有两种稳定状态。另外，也是因为二进制可靠性高（只有两个数字，传输时不易出错）、运算规则简单、与逻辑量（真和假）相吻合等原因。

二进制采用“逢二进一”的计数方式，即“1+1=10”。二进制与十进制的关系如表1-2-1所示。

表1-2-1　二进制数与十进制数之间的关系

十进制数	0	1	2	3	4	5	6	7	8	9	10	…
二进制数	0	1	10	11	100	101	110	111	1000	1001	1010	…

二、掌握数据在计算机中的存储单位

计算机存储信息的最小单位，称为位（bit，又称比特）。存储器中所包含存储单元的数量称为存储容量，其计量基本单位是字节（Byte，简称B），8个二进制位称为1个字节，即1B=8bit。此外，还有KB、MB、GB、TB等，它们之间的换算关系是：

1 B＝8 bit

1 KB=1 024 B=2^{10} B

1 MB=1 024 KB=2^{20} B

1 GB=1 024 MB=2^{30} B

1 TB=1 024 GB=2^{40} B

比TB更大的存储单位还有PB、EB、ZB、YB、BB等，每两个相邻的单位之间均相差2^{10}。

三、认识ASCII码和汉字编码

各种编码标准的作用是将各种数字、符号、字母、文字等转换为计算机能够识别的二进制数。

1．ASCII码

ASCII码是最基本的编码，全名为美国信息交换标准代码。它定义了十进制数0～127对应的字符，包括最基本的英文字母、标点符号。换言之，ASCII码可以将键盘上的字母、符号等转换为二进制数，变成计算机硬件能够识别和处理的信息。

2．汉字编码

计算机中汉字的表示也用二进制编码，根据应用目的的不同，汉字编码分为输入码（外码）、国标码等。

（1）汉字输入码。目前汉字输入码已经有几百种，常用的输入码有拼音码、五笔字型码、自然码等。

（2）国标码。计算机处理汉字所用的编码标准是我国于1980年颁布的国家标准GB 2312—1980（《信息交换用汉字编码字符集　基本集》），简称国标码。

学习评价

请结合完成的任务，进行下列评价：

评价内容	评价项目	评价内容	自我评价	改进措施
掌握计算机数据和信息的表示	二进制	正确换算二进制与十进制		
	数据存储单位	说明位与字节的换算关系		
	ASCII码	说明ASCII码		
	汉字编码	说明汉字编码		

思考与练习

完成十进制与二进制、位与字节的换算。

任务三 认识计算机系统

学习目标

通过学习本任务，你将能够：

（1）了解微型计算机系统的组成；

（2）了解微型计算机硬件系统的主要部件及其作用、技术指标等；

（3）了解常用输入/输出设备及其作用。

任务描述

对于用户来说，掌握一定的计算机组装能力有助于更好地识别和了解计算机各功能部件。对于一名学生来说，计算机用于日常学习、文字处理、图像处理、休闲娱乐，适合的计算机配置则可以极大满足日常生活需求。

任务分析

要想达到理想的效果，学习本任务要注意以下几点：（1）计算机的组成及各部分的作用；（2）主板系统的构成及其作用；（3）主板与外围设备的接口类型；（4）输入/输出设备的种类。

任务实施

一、认识计算机的组成

图1-3-1所示为一套常见的微型计算机系统，通过讨论和在互联网上搜索，了解各部件的名称和基本作用等信息，并完成表1-3-1的填写。

一个完整的计算机系统由硬件系统和软件系统两大部分组成。硬件系统是由看得见摸得着的物理器件组成，而软件系统则是由程序、数据、文件等信息组成。两大系统互相依存，缺一不可。人们平时所说的“计算机”是指含有硬件和软件的计算机系统。图1-3-2所示为完整的计算机系统的组成。

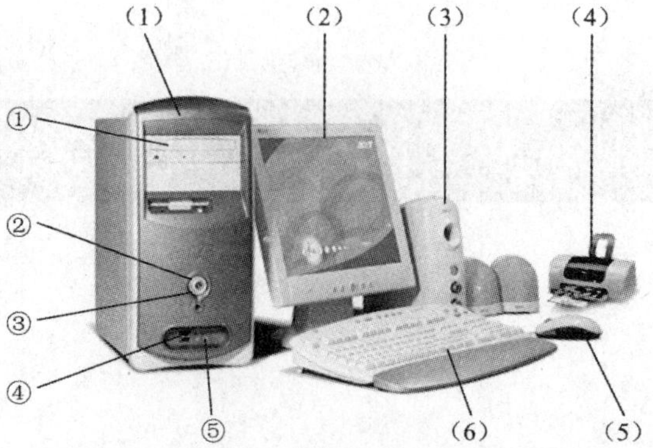

图1-3-1　微型计算机系统的组成

表1-3-1　组成微型计算机系统的部件名称和作用描述

序　号	名　称	作 用 描 述
(1)		
(2)		
(3)		
(4)		
(5)		
(6)		
①		
②		
③		
④		
⑤		

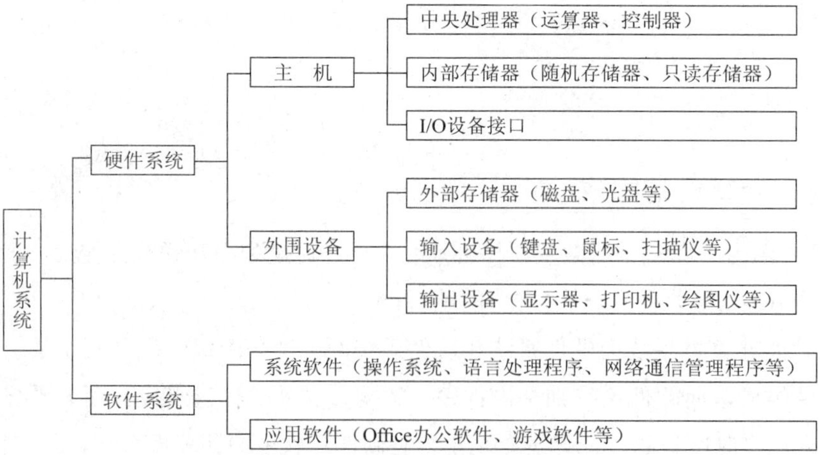

图1-3-2　完整的计算机系统的组成

二、认识主板系统单元

主机是指计算机除去输入/输出设备以外的主要机体部分，也是用于放置主板及其他主要部件的控制箱体，通常包括 CPU、内存、硬盘、光驱、电源、以及其他输入/输出控制器和接口。打开主机机箱盖板，可以看到主机的结构，如图1-3-3所示。

图1-3-3　微型计算机的主机结构

1. CPU

CPU（Central Processing Unit，中央处理器）是一块超大规模的集成电路，是一台计算机的运算核心和控制核心，如图1-3-4所示。它的功能主要是解释计算机指令以及处理计算机软件中的数据。CPU一般由逻辑运算单元、控制单元和存储单元组成。

图1-3-4　CPU正面及背面图

CPU的主要性能参数如下：

（1）主频。主频也叫时钟频率，单位是MHz或GHz，用来表示CPU的运算、处理数据的速度。通常，主频越高，CPU处理数据的速度就越快。

（2）外频。外频是CPU的基准频率，它决定着整块主板的运行速度。

（3）倍频系数。主频=外频×倍频系数。

（4）CPU的字长。字长是指CPU在单位时间内能一次处理的二进制数的位数，例如，字长为32位的CPU能在单位时间内处理32位的二进制数。

（5）高速缓存。CPU的高速缓存（Cache）是位于CPU与内存之间的临时存储器，它的容量比内存小得多，但是交换速度却比内存要快得多。高速缓存的出现主要是为了解决CPU运算速度与内存读/写速度不匹配的矛盾。

2．内存

内存全称内存储器，又称主存储器，是计算机中的主要部件。它是与CPU进行沟通的桥梁。计算机中所有程序的运行都是在内存中进行的，因此内存的性能对计算机的影响非常大。内存的作用是用于暂时存放CPU中的运算数据，以及与硬盘等外部存储器交换的数据。只要计算机在运行中，CPU就会把需要运算的数据调到内存中进行运算，当运算完成后CPU再将结果传送出来。内存的运行情况决定了计算机是否能够稳定运行。

内存一般采用半导体存储单元，包括随机存储器、只读存储器和高速缓存。

（1）随机存储器（Random Access Memory，RAM）：表示既可以从中读取数据，也可以写入数据。当机器电源关闭时，存于其中的数据就会丢失。人们通常购买或升级的内存条就是将RAM集成块集中在一起的一小块电路板（见图1-3-5），它插在计算机中的内存插槽上，以减少RAM集成块占用的空间。目前市场上常见的内存条为1GB、2GB、4GB、8GB或更高。

（2）ROM，只读存储器（Read Only Memory，ROM）：在制造ROM时，信息（数据或程序）就被存入并永久保存。这些信息只能读出，一般不能写入，即使计算机停电，这些数据也不会丢失。ROM一般用于存放计算机的基本程序和数据，如BIOS ROM。

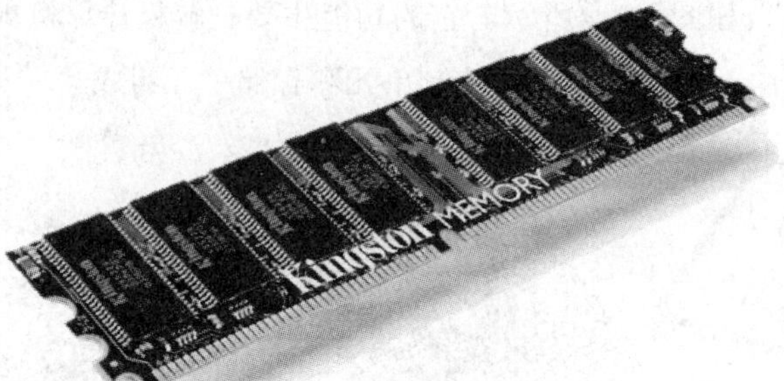

图1-3-5　内存条

3．主板

主板又称主机板（见图1-3-6），它安装在机箱内，是微机最基本的也是最重要的部件之一。主板一般为矩形电路板，上面安装了组成计算机的主要电路系统，一般有BIOS芯片、I/O控制芯片、控制开关接口、扩充插槽、直流电源供电接插件等。

主板上的总线是连接CPU和计算机上各种器件的一组信号线，用来在各部件之间传递数据和信息。主板上的总线分为三类：控制类总线、地址总线和数据总线。

图1-3-6　计算机的主板

三、认识主板与外围设备的接口

仔细观察计算机主板的接口（见图1-3-7）结构，通过讨论和互联网搜索完成表1-3-2。

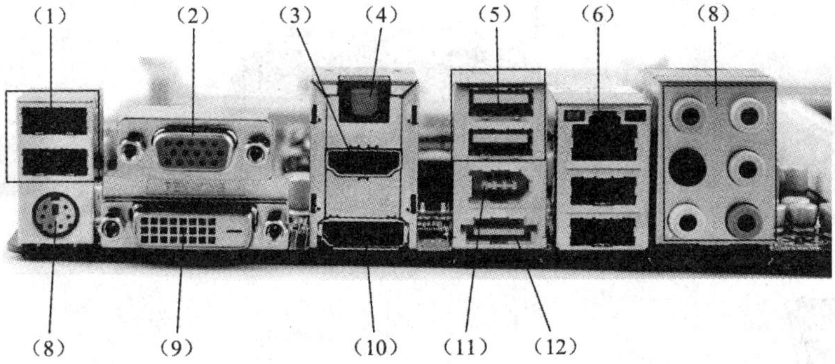

图1-3-7　计算机的主板接口

表1-3-2　主板接口及作用

序　号	名　称	作用描述
(1)		
(2)		
(3)		
(4)		
(5)		
(6)		
(7)		
(8)		
(9)		

续表

序号	名称	作用描述
（10）		
（11）		
（12）		

四、认识微型计算机的输入/输出设备

微型计算机的输入和输出设备（见图1-3-8）是人与计算机系统之间进行信息交换的主要装置。输入设备是用于把原始数据和处理这些数据的程序输入到计算机中。常见的输入设备有键盘、鼠标、摄像头、扫描仪、手写输入板、游戏杆、语音输入装置等。输出设备用于数据的输出，它把各种计算结果数据或信息以数字、字符、图像、声音等形式表示出来。常见的输出设备有显示器、打印机、绘图仪、影像输出系统、语音输出系统、磁记录设备等。

根据日常使用经验，将图1-3-8中设备的名称填写在图片下方横线上，并注明该设备为输入设备或者输出设备。

图1-3-8　常用输入/输出设备

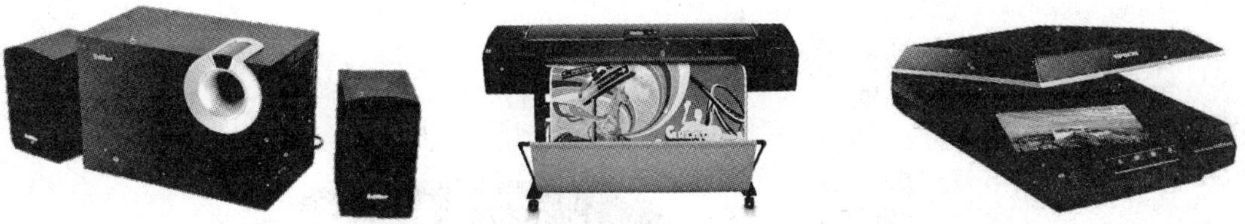

图1-3-8　常用输入/输出设备（续）

1．键盘

键盘是最常用也是最主要的输入设备，通过键盘可以将英文字母、数字、标点符号等输入到计算机中，从而向计算机发出命令、输入数据等。

键盘按键的基本排列如图1-3-9所示。

图1-3-9　键盘按键排列

键盘接口一般有3种：PS/2（紫色）、USB和无线，如图1-3-10所示。

（a）PS/2接口　（b）USB接口　（c）无线接口

图1-3-10　3种键盘接口

2．鼠标

鼠标是一种很常用的计算机输入设备，它可以对当前屏幕上的游标进行定位，并通过按键和滚轮装置对游标所经过位置的屏幕元素进行操作。接口一般有3种：PS/2（绿色）、USB和无线。

3．扫描仪

扫描仪（Scanner）（见图1-3-11）是利用光电技术和数字处理技术，以扫描方式将图形或图像信息转换为数字信号的装置。扫描仪通过捕获图像并将其转换成计算机可以显示、编辑、存储和输出的数字化输入设备。扫描仪可对照片、文本页面、图纸、美术图画等进行扫描。

图1-3-11　扫描仪

4．条码阅读器

条码扫描器又称条码阅读器、条码扫描枪、条形码扫描器。它是用于读取条码所包含信息的阅读设备，利用光学原理，把条形码的内容解码后通过数据线或者无线的方式传输到计算机或者其他的设备。它广泛应用于超市、物流快递、图书馆等扫描商品、单据的条码。图1-3-12所示为两款常见条码阅读器。

图1-3-12　条码阅读器

一维条码[见图1-3-13（a）]即指条码条和空的排列规则，“条”指对光线反射率较低的部分，“空”指对光线反射率较高的部分，这些条和空组成的数据表达一定的信息，并能够用特定的设备识读，转换成与计算机兼容的二进制和十进制信息。

二维条码（二维码）[见图1-3-13（b）]用某种特定的几何图形按一定规律在平面分布的黑白相间的图形记录数据符号信息的。

（a）一维条码　　（b）二维条码

图1-3-13　一维条码与二维条码

5. 显示器

显示器（Display）是一种将一定的电子文件通过特定的传输设备显示到屏幕上再反射到人眼的显示工具，属于输出设备。根据制造材料的不同，可分为：阴极射线管显示器（CRT）、液晶显示器（LCD）、发光二极管显示器（LED）等。

（1）CRT显示器是一种使用阴极射线管的显示器（见图1-3-14），近年已逐渐被更轻便、更环保的其他类型显示器取代。

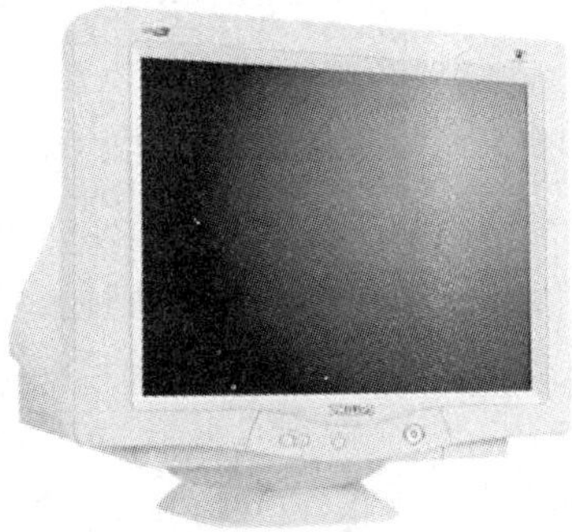

图1-3-14 阴极射线管显示器

图1-3-15 液晶显示器

（2）LCD显示器（见图1-3-15）由很多液晶粒子构成，它们有规律地排列成一定的形状，并且它们的每一面的颜色都不同，分为：红色、绿色、蓝色。这三原色能还原成任意的其他颜色，当显示器收到计算机的显示数据时会控制每个液晶粒子转动到不同颜色的面，来组合成不同的颜色和图像。也因为这样，液晶显示屏的缺点是色彩不够艳、可视角度不高等。

（3）LED显示器是一种通过控制半导体发光二极管为显示方式的显示器，用来显示文字、图像、动画、视频等信息。LED显示器集微电子技术、计算机技术、信息处理于一体，以其色彩鲜艳、动态范围广、亮度高、寿命长、工作稳定可靠等优点，成为最具优势的新一代显示媒体，LED显示器已广泛应用于大型广场、商业广告、体育场馆、信息传播、新闻发布、证券交易等，可以满足不同环境的需要。图1-3-16所示为一款应用于展厅中的LED显示器。

图1-3-16 应用于展厅中的LED显示器

6. 打印机

打印机（Printer）是计算机的输出设备之一，用于将计算机处理结果打印在相关介质上。常见的打印机有针式打印机、喷墨打印机、激光打印机。高科技产品3D打印机也正在走进人们的生活。

（1）针式打印机（见图1-3-17）是通过打印头中的24根针击打复写纸，从而形成字体。针式打印机采用击打式的工作原理，可以打印多联纸张。其很低的打印质量、很大的工作噪声也是它无法适应高质量、高速度的商用打印需要的根结，所以现在只用于银行、超市等打印票单时。

（2）喷墨打印机（见图1-3-18）是在针式打印机之后发展起来的，采用非击打的工作方式。比较突出的优点有体积小、操作简单方便、打印噪声低、使用专用纸张时可以打出和照片相媲美的图片等。喷墨打印机按工作原理可分为固体喷墨和液体喷墨两种（现在又以后者更为常见），而液体喷墨方式又可分为气泡式与液体压电式。气泡技术是通过加热喷嘴使墨水产生气泡，喷到打印介质上的。

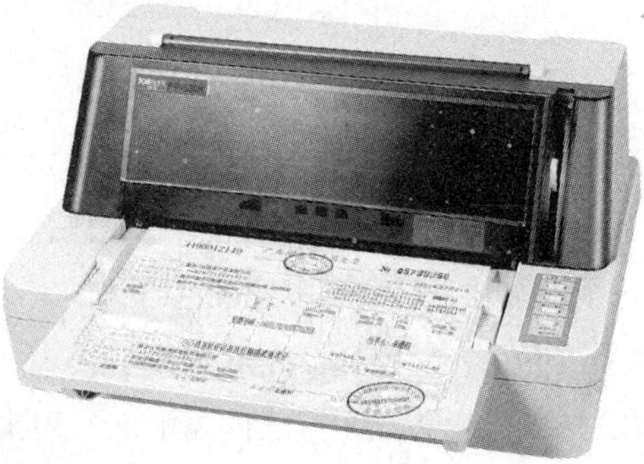

图1-3-17　正在打印多联发票的针式打印机

图1-3-18　喷墨打印机

（3）激光打印机（见图1-3-19）是将激光扫描技术和电子照相技术相结合的打印输出设备。较其他打印设备，激光打印机有打印速度快、成像质量高等优点，但成本相对高昂。激光打印机按其打印输出速度可分为三类：低速激光打印机（每分钟输出10～30页）；中速激光打印机（每分钟输出40～120页）；高速激光打印机（每分钟输出130～300页）。

（4）3D打印机又称三维打印机（3DP），是一种累积制造技术，即快速成形技术的一种机器，如图1-3-20所示。3D打印机的原理是把数据和原料放进3D打印机中，机器会按照程序把产品一层层造出来。三维打印的设计过程是：先通过计算机建模软件建模，再将建成的三维模型“分区”成逐层的截面，即切片，从而指导打印机逐层打印。

7. 扬声器

扬声器（俗称音箱）是整个音响系统的终端，其作用是把音频电能转换成相应的声能，并把它辐射到空间。由于人耳对声音的主观感受正是评价一个音响系统音质好坏的最重要的标准，因此，可以认为，音箱的性能高低对一个音响系统的放音质量起着关键作用。现在使用的音箱一般为有源音箱，可以分为2.0、2.1、5.1等。2.1音箱（见图1-3-21）较2.0音箱增加了一个“低音炮”。

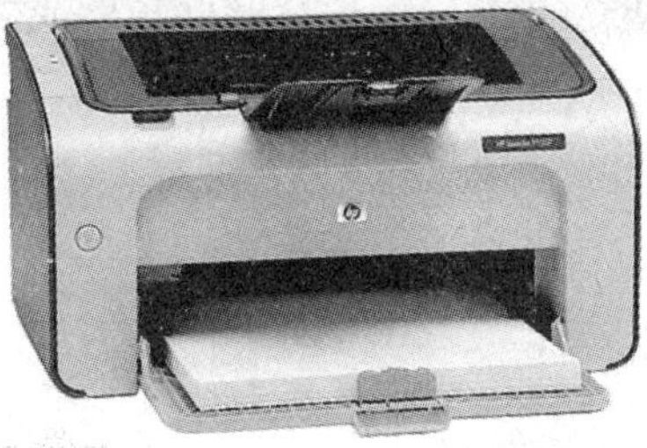

图1-3-19　激光打印机

图1-3-20　3D打印机

图1-3-21　2.1音箱

学习评价

请结合完成的任务，进行下列评价：

评价内容	评价项目	评价内容	自我评价	改进措施
认识计算机系统	计算机组成	计算机的组成系统及各自作用		
	主板系统	主板系统的组成及作用		
	主板与外围设备接口	接口类型及连接设备		
	输入/输出设备	常用设备种类		

思考与练习

根据自己的需求尝试配置一台计算机。

任务四　应用计算机网络

学习目标

通过学习本任务，你将能够：

（1）了解因特网的基本概念；

（2）会使用网页浏览软件、电子邮件软件、网络聊天软件、网上购物软件等；

（3）了解我国知名互联网企业的现状。

任务描述

因特网（Internet）是一组全球信息资源的总汇，它以相互交流信息资源为目的，基于一些共同的协议，并通过许多路由器和公共互联网而成，它是一个信息资源和资源共享的集合。人们可以通过因特网搜索资料，下载或上传图文、音像文件，收发电子邮件，以及在网络上与朋友即时聊天、传递信息。网络技术不仅为人们提供了一个新的生活方式，也为人们提供了资源共享和数据传输的平台。

任务分析

要想达到理想的效果，学习本任务要注意以下几点：（1）打开浏览器浏览网页并保存、收藏网页；（2）注册邮箱，收发邮件；（3）常用通信软件的种类及使用方法。

任务实施

一、浏览网页

浏览网页是Internet提供的主要服务之一，网页的浏览不仅支持文本，还支持图像、动画和声音等多媒体的传输功能。目前广泛使用的网页浏览工具是IE浏览器（Internet Explorer）。Windows操作系统均自带相应版本的IE浏览器。

1．启动浏览器

双击桌面上的IE快捷方式图标，启动后的IE浏览器界面如图1-4-1所示。

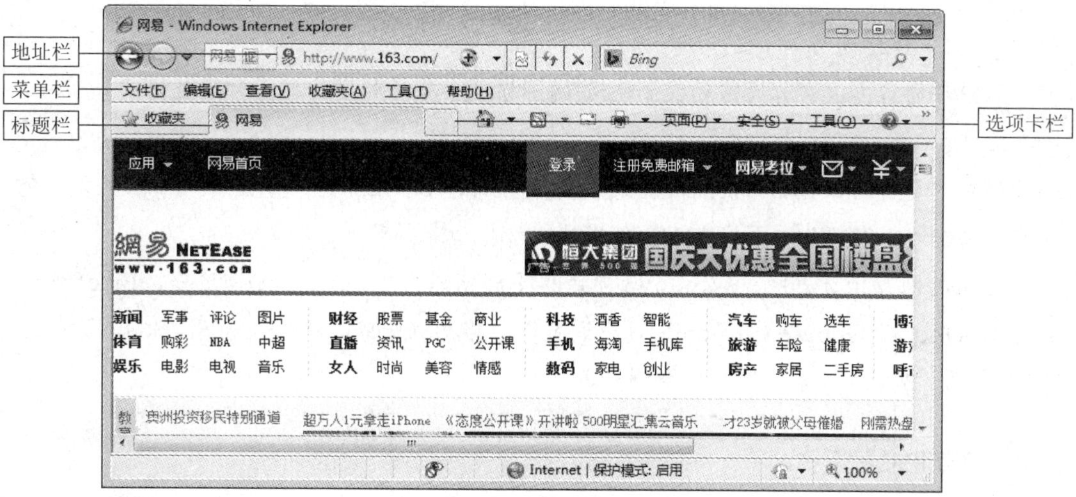

图1-4-1　IE浏览器界面

（1）地址栏：输入和显示网页的地址。

（2）菜单栏：包含对IE进行操作的所有命令。

（3）标题栏：显示当前浏览的网页名称。

（4）选项卡：单击该卡可在同一个浏览器窗口中查看不同的网页。

相关知识：网页

1. 网址

网址通常指因特网上网页的地址。用户通过技术处理，将一些信息以逐页的方式存储在因特网上，每一页都有一个相应的地址，以便其他用户访问而获取信息资料。

网址也称URL（统一资源定位符），通常由三部分组成：协议、域名、路径和名称。例如，http://news.163.com/16/1003/15/C2FAQCR000014PRF.html

- http://表示超文本传输协议；
- news.163.com表示主机域名；
- 16/1003/15/C2FAQCR000014PRF.html表示文件的路径与名称。

2. 万维网（WWW）

WWW是环球信息网的缩写，也称为Web。万维网分为Web客户端和Web服务器程序，它可以让Web客户端（常用浏览器）访问浏览Web服务器上的页面。

3. HTTP协议

超文本传输协议（HyperText Transfer Protocol，HTTP）是互联网上应用最广泛的一种网络协议。所有的WWW文件都必须遵守这个标准。

4．TCP/IP协议

TCP/IP协议中文名称为传输控制协议/网际协议，是因特网的核心和基础协议。

5．浏览器

浏览器是指可以显示网页服务器或者文件系统的HTML文件，并让用户与这些文件交互的一种软件。大部分网页为HTML格式。

常见的网页浏览器除了Windows自带的IE浏览器之外还有：QQ浏览器、Firefox、Safari、Opera、Google Chrome、百度浏览器、搜狗浏览器、猎豹浏览器、360浏览器、UC浏览器、傲游浏览器、世界之窗浏览器等。

2．保存和收藏网页

（1）保存整个网页。当浏览到喜欢的网页时，可以将其保存下来。保存步骤如图1-4-2所示。

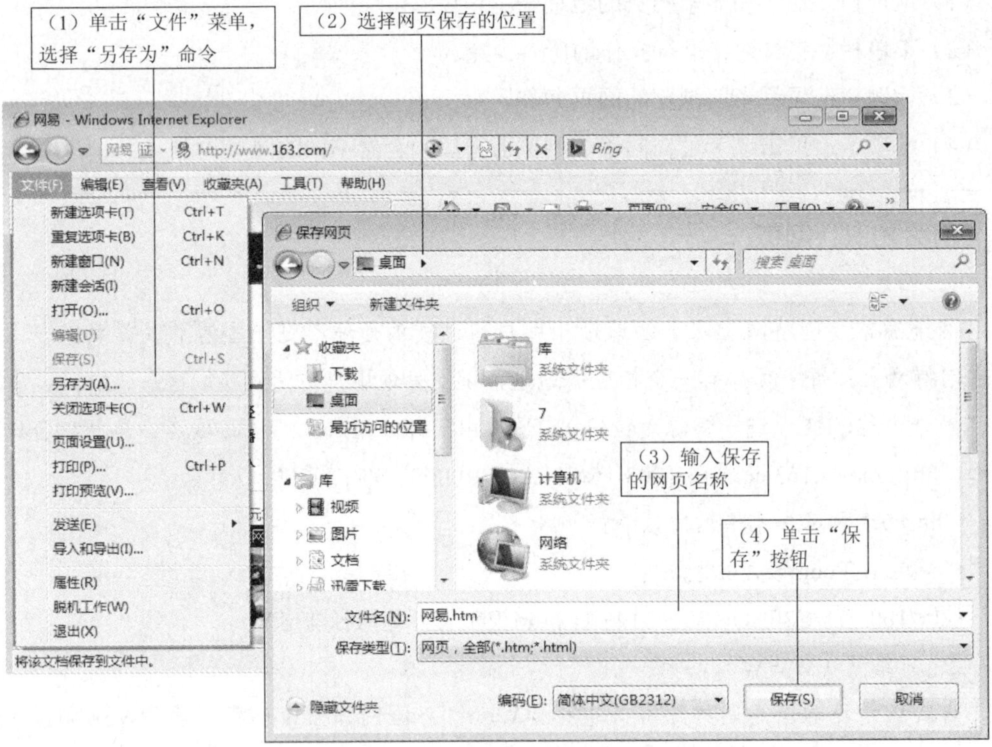

图1-4-2 保存网页

（2）保存网页中的图片。遇到网页中喜欢的图片，可以单独保存，以方便以后欣赏和使用。右击图片，在弹出快捷菜单中选择“图片另存为”命令，选择保存图片的位置，再单击“保存”按钮即可。

（3）收藏网页。对于经常访问的网页，可以将其添加到收藏夹中，这样就不必每次访问时都要输入网址，只需要直接选择网页名称即可。操作步骤如图1-4-3所示。

图1-4-3 收藏网页

相关知识：搜索引擎

搜索引擎（Search Engine）是指根据一定的策略、运用特定的计算机程序从互联网上搜集信息，在对信息进行组织和处理后，为用户提供检索服务，将用户检索相关的信息展示给用户的系统。搜索引擎包括全文索引、目录索引、元搜索引擎、垂直搜索引擎、集合式搜索引擎、门户搜索引擎与免费链接列表等。

从使用者的角度看，搜索引擎提供一个包含搜索框的页面，在搜索框输入词语，通过浏览器提交给搜索引擎后，搜索引擎就会返回与用户输入内容相关的信息列表。搜索引擎涉及多领域的理论和技术：数字图书馆、数据库、信息检索、信息提取、人工智能、机器学习、自然语言处理、计算机语言学、统计数据分析、数据挖掘、计算机网络、分布式处理等，具有综合性和挑战性。

对普通网民而言，搜索引擎则仅仅是一种查询工具。作为工具，使用者要了解搜索引擎的功用、性能，并掌握其使用方法和技巧。对商家来说，搜索引擎是一种赢利的产品或服务。而作为产品，搜索引擎商要研制、改进和创新其搜索技术。作为服务，搜索引擎营销商要研究搜索引擎优化和推广。利用搜索引擎的目的不同，构成了搜索引擎研究的不同群体和对搜索引擎不同角度、不同侧重点的研究。

较大的中文搜索引擎有：百度、搜狗、爱问、搜搜等。

民族企业简介——百度

百度，全球最大的中文搜索引擎。1999年底，身在美国硅谷的李彦宏看到了中国互联网及中文搜索引擎服务的巨大发展潜力，抱着技术改变世界的梦想，他毅然辞掉硅谷的高薪工作，携搜索引擎专利技术，于2000年1月1日在中关村创建了百度公司。

“百度”二字，来自于八百年前南宋词人辛弃疾的一句词：众里寻他千百度。这句话描述了词人对理想的执着追求。

百度拥有数万名研发工程师，这是中国乃至全球最为优秀的技术团队。这支队伍掌握着世界上先进的搜索引擎技术，使百度成为中国掌握世界尖端科学核心技术的高科技企业，也使中国成为美国、俄罗斯和韩国之外，全球仅有的4个拥有搜索引擎核心技术的国家之一。

二、收发电子邮件

电子邮件是一种用电子手段提供信息交换的通信方式，是互联网应用最广的服务之一。通过网络的电子邮件系统，用户可以免费、快速地与世界上任何一个角落的网络用户联系。

电子邮件可以是文字、图像、声音等多种形式。同时，用户可以得到大量免费的新闻、专题邮件，并实现轻松的信息搜索。电子邮件的存在极大地方便了人与人之间的沟通与交流，促进了社会的发展。常用的免费邮箱网站有：网易、新浪、腾讯等。163网易免费电子邮箱网站目前是国内最大的免费邮箱网站之一。

1．邮箱注册

这里以注册163免费邮箱为例进行说明。打开浏览器，在地址栏中输入www.163.com，进入“网易”的首页，单击页面上方的“注册免费邮箱”进入邮箱注册页面。注册步骤如图1-4-4所示。

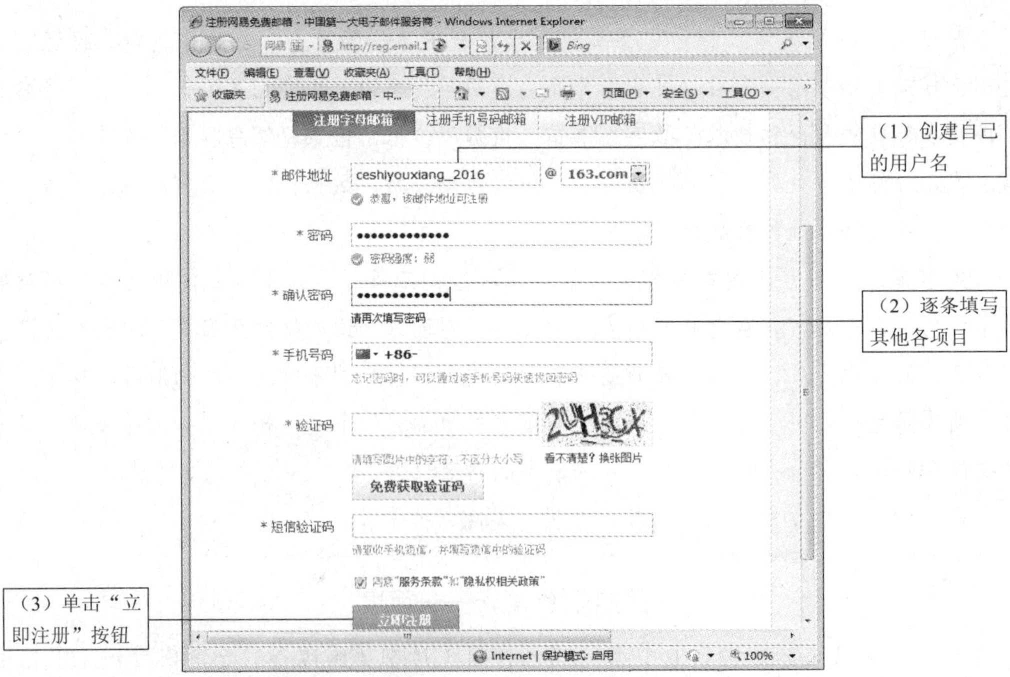

图1-4-4　注册电子邮箱

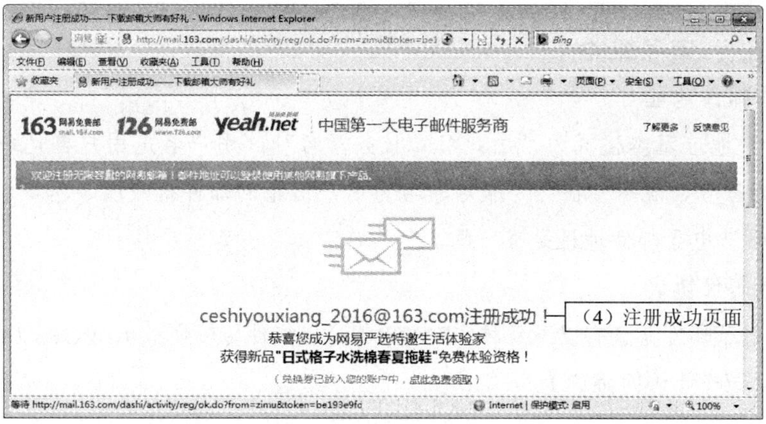

图1-4-4　注册电子邮箱（续）

2．邮箱使用

（1）在网易主页上输入用户名密码，登录已经注册的邮箱，如图1-4-5所示。

图1-4-5　登录到已注册邮箱

（2）单击"写信"按钮，填写收件人、主题、信件正文，还可以"添加附件"。具体步骤如图1-4-6所示。

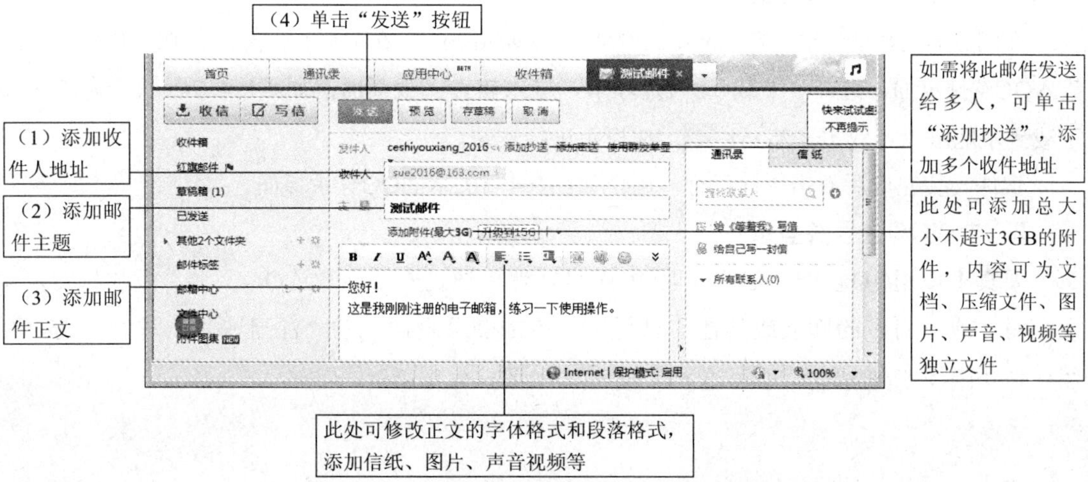

图1-4-6　发送电子邮件

相关知识：电子邮件

1. 电子邮件地址

电子邮件地址基本格式为“用户名@服务器名”。用户名是用户自己命名的邮箱账号；@是at的符号，表示“在”；服务器名为用户信箱的邮件接收服务器域名，用以标识其所在的位置。电子邮件地址是唯一的。

2. 电子邮件协议

常见的电子邮件协议有以下几种：SMTP（简单邮件传输协议）、POP3（邮局协议）、IMAP（Internet邮件访问协议）。

民族企业简介——网易

网易是中国领先的互联网公司，利用最先进的互联网技术，加强人与人之间信息的交流和共享，实现“网聚人的力量”。

创始人兼CEO是丁磊。在开发互联网应用、服务及其他技术方面，网易始终保持业界的领先地位，并在中国互联网行业率先推出了包括中文全文检索、全中文大容量免费邮件系统、无限容量免费网络相册、免费电子贺卡站、网上虚拟社区、网上拍卖平台、24小时客户服务中心在内的业内领先产品或服务，还通过自主研发推出了一款率先取得白金地位的国产网络游戏。

三、安装与使用即时通信软件

即时通信软件是一种基于互联网的即时交流软件。此类软件可使人们随时跟另外一个在线用户交谈，甚至可以通过视频看到对方的实时图像。“QQ”软件是腾讯公司开发的基于Internet的即时通信软件，它可以实现在线聊天、传输文件、音视频对话等多种功能。

1. QQ软件的下载与安装

在浏览器的地址栏输入腾讯网站的网址：www.qq.com，在主页右上角分类中单击“QQ”，进入QQ软件页面，选择“下载QQ”选项卡，进入软件下载页面，如图1-4-7所示。选择PC版下载到本地磁盘，双击安装文件，按提示进行安装。

软件安装完成后双击图标运行，出现如图1-4-8所示的QQ登录界面。

2. 申请QQ账号并登录

要真正使用QQ软件，还要获取QQ账号，然后通过查找昵称或QQ账号，添加好友，实现一对一或一对多的聊天或其他信息传递。单击登录页面上的“注册账号”进行注册，如图1-4-9所示，注册成功后即可进入QQ界面，如图1-4-10所示。

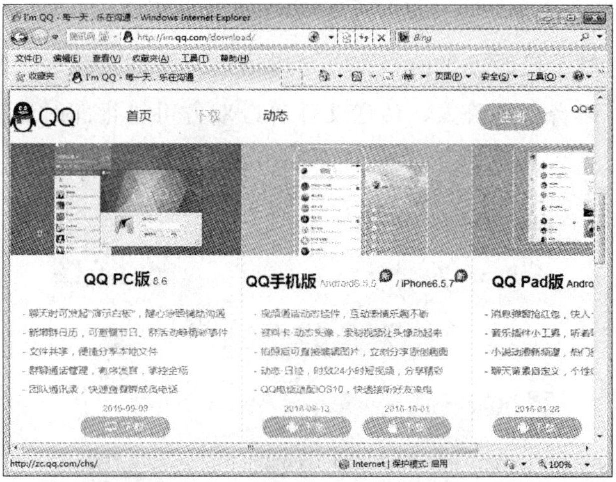

图1-4-7　腾讯QQ软件下载界面

图1-4-8　腾讯QQ登录界面

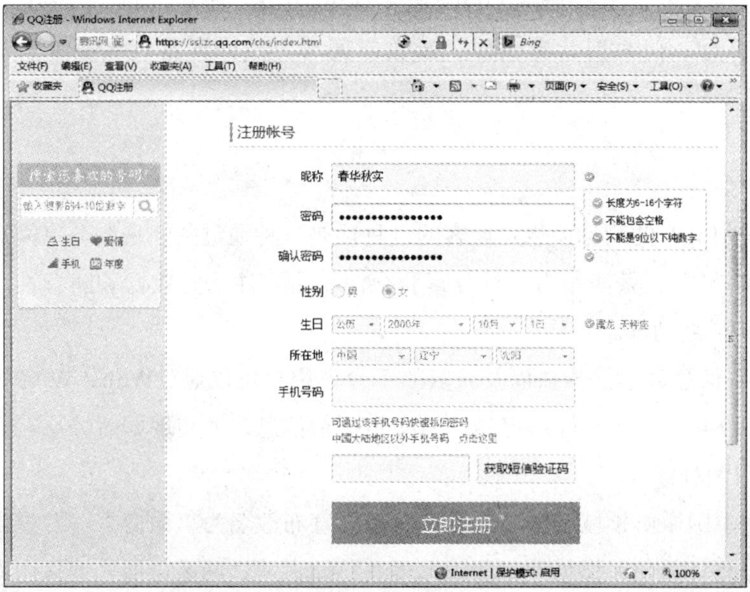

图1-4-9　腾讯QQ账号注册页面

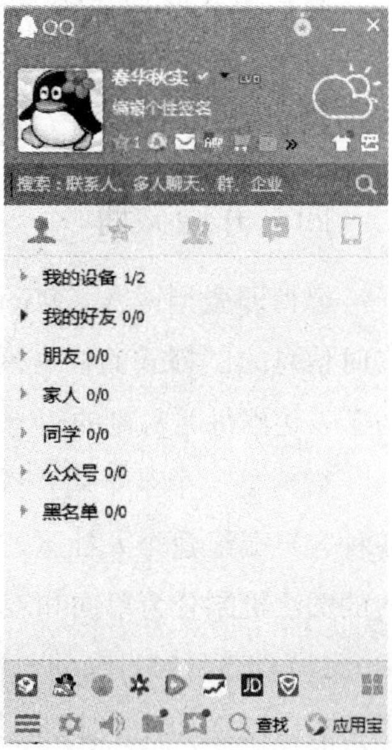

图1-4-10　QQ界面

在QQ界面上，可以实现许多功能，如聊天、发送文件、QQ游戏、QQ音乐等，可以逐一安装尝试其功能。对于已经添加的好友，可以通过双击好友列表中的头像，打开聊天窗口，进行文本输入、语音视频聊天、传送文件等，双方可进行即时通信。聊天窗口界面如图1-4-11所示。

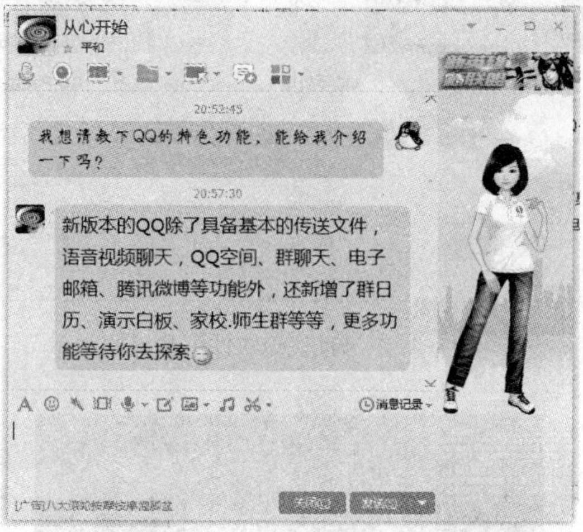

图1-4-11　聊天窗口界面

民族企业简介——腾讯

深圳市腾讯计算机系统有限公司成立于1998年11月，由马化腾、张志东、许晨晔、陈一丹、曾李青五位创始人共同创立，是中国最大的互联网综合服务提供商之一，也是中国服务用户最多的互联网企业之一。

腾讯多元化的服务包括：社交和通信服务QQ及微信/WeChat、社交网络平台QQ空间、腾讯游戏旗下QQ游戏平台、门户网站腾讯网、腾讯新闻客户端和网络视频服务腾讯视频等。

四、开通微博

微博即微型博客（MicroBlog）的简称，也是博客的一种，是一种通过关注机制分享简短实时信息的广播式的社交网络平台。微博作为一种分享和交流平台，注重时效性和随意性，用于表达出每时每刻的思想和最新动态。

微博是一个基于用户关系信息分享、传播以及获取的平台。用户可以通过Web、WAP等各种客户端组建个人社区，以140字（包括标点符号）的文字更新信息，并实现即时分享。微博的关注机制分为单向和双向两种。

2014年3月27日晚间，在中国微博领域一枝独秀的新浪微博宣布改名为“微博”，并推出了新的LOGO标识，新浪色彩逐步淡化。微博包括新浪微博、腾讯微博、网易微博、搜狐微博等，但如若没有特别说明，这里的微博就是指新浪微博。新浪微博可通过新浪网主页中的微博链接进入。图1-4-12所示为新浪微博的主页面。

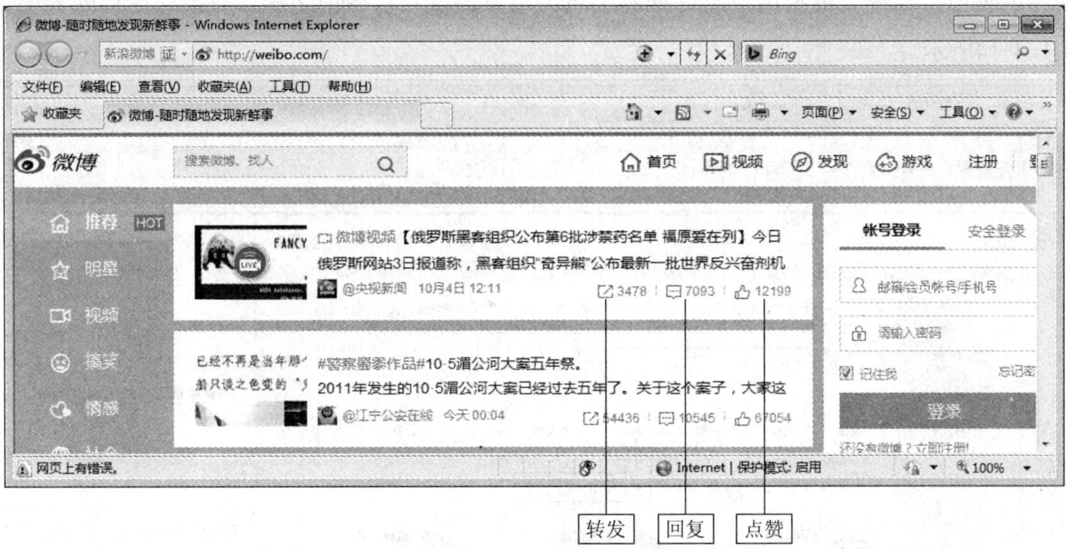

图1-4-12　新浪微博主页面

新浪用户可直接使用新浪账号登录微博，新用户也可在微博主页面单击“立即注册”按钮，进入注册页面，如图1-4-13所示。

图1-4-13　新浪微博注册页面

用户可以选择手机注册或邮箱注册，按步骤填写信息，完成注册。注册时可选择自己感兴趣的领域，系统会根据用户喜好推荐关注的用户，以开启微博之旅。登录微博后的界面如图1-4-14所示。

图1-4-14　新浪微博用户页面

民族企业简介——新浪

新浪，是一家网络公司的名称，成立于1998年12月。新浪拥有多家地区性网站，通过旗下五大业务主线为用户提供网络服务。北京新浪、香港新浪、台北新浪等覆盖全球华人社区。它是全球最大中文门户网站，2012年11月新浪注册用户已突破4亿。新浪公司是一家服务于中国及全球华人社群的网络媒体公司。新浪通过门户网站新浪网、移动门户手机新浪网和社交网络服务及微博客服务微博组成的数字媒体网络，帮助广大用户通过互联网和移动设备获得专业媒体和用户自生成的多媒体内容（UGC）并与友人进行兴趣分享。

五、网上购物

网上购物，就是通过互联网检索商品信息，通过电子订购单发出购物请求，然后用银行卡或其他网上支付的方式付款，卖家通过物流渠道发货的方式送货上门。目前，国内较大的购物网站有淘宝网、京东商城、当当网等。下面以淘宝网为例，完成一次网上购物。

注册淘宝网会员：

在浏览器地址栏中输入淘宝网网址：www.taobao.com，打开淘宝网首页，在页面上单击“免费注册”，根据提示注册为会员，如图1-4-15所示。

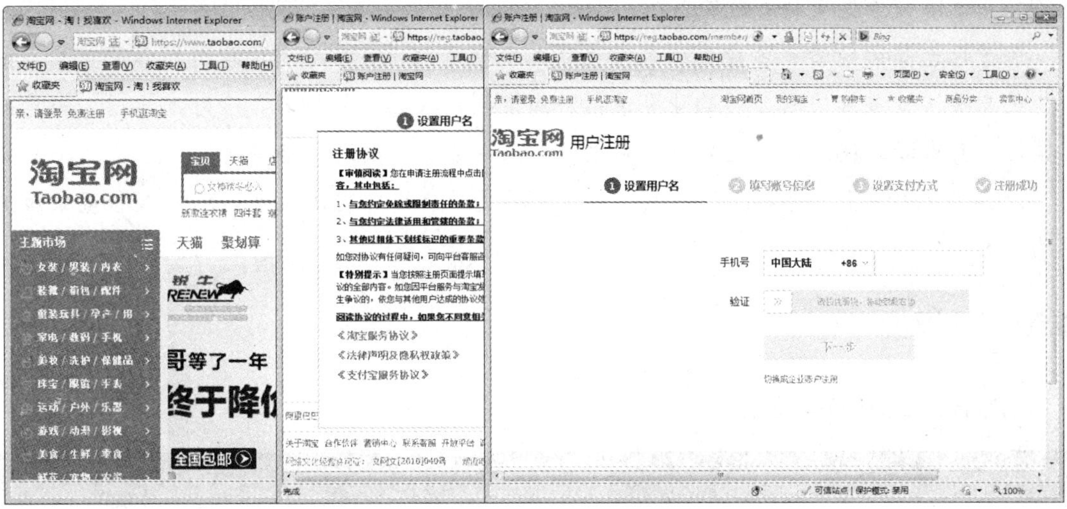

图1-4-15　淘宝网账户的注册

注册会员成功后，就可以根据购物流程购物，如图1-4-16所示。

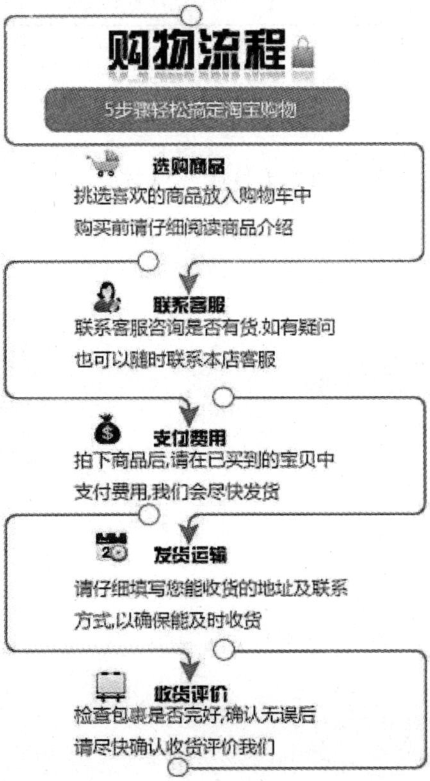

图1-4-16　淘宝购物流程

民族企业简介——阿里巴巴

阿里巴巴网络技术有限公司是以马云为首的18人，于1999年在杭州创立，他们相信互联网能够创造公平的竞争环境，让小企业通过创新参与科技扩展业务，并在参与国内或全球市场竞争时处于更有利的位置。

阿里巴巴集团经营多项业务，另外也从关联公司的业务和服务中取得经营商业生态系统上的支援。业务和关联公司的业务包括：淘宝网、天猫、聚划算、全球速卖通、阿里巴巴国际交易市场、1688、阿里妈妈、阿里云、蚂蚁金服、菜鸟网络等。

2014年9月19日，阿里巴巴集团在纽约证券交易所正式挂牌上市，创始人和董事局主席为马云。

学习评价

请结合完成的任务，进行下列评价：

评价内容	评价项目	评价内容	自我评价	改进措施
应用计算机网络	浏览网页	保存、收藏网页		
	收发电子邮件	注册邮箱，发送邮件		
	通信软件	能够使用QQ、微博等软件		
	网上购物	了解购物网站及购物流程		

思考与练习

节日将近，使用邮箱给每个教师和学生发送一封节日邮件。

2 单元二 Windows 7操作系统

计算机的工作离不开操作系统，一台刚刚组装起来的计算机，在没有安装任何软件的情况下，是不能运行与工作的，此时的计算机称为“裸机”。要想让计算机正常运行，必须安装操作系统与应用软件。操作系统是计算机必须配置的最基本的软件，由它统一管理计算机的硬件资源和软件资源，控制计算机的各个部件进行协调工作。Windows操作系统广泛应用于个人计算机中，是最有影响力的微机操作系统。通过本单元的学习，读者可以理解Windows的常用术语，能在日常应用中正确表述和使用；能熟练对窗口进行操作；会通过控制面板进行Windows 7的基本设置；理解文件系统在计算机应用中的重要性；掌握文件系统的基本规则；能正确并熟练地对文件和文件夹进行创建、重命名、复制、移动、删除等操作；掌握利用画图工具完成简单图形的绘制；会处理简单的音频、视频文件。

任务一　认识Windows 7

学习目标

通过学习本任务，你将能够：

（1）了解操作系统的基本概念，能够描述Windows 7图形操作界面的功能和特点；

（2）具有初步识别和比较Windows 7操作系统图形界面的能力；

（3）了解窗口类型，能够指出操作系统中图形界面的特点；

（4）会对Windows 7进行个性化设置并知道其作用，具有启动和退出Windows 7的基本操作技能；

（5）熟悉Windows窗口的常见操作，知道窗口组成对象，并会对菜单、工具按钮和对话框进行操作；

（6）能够用鼠标或键盘对图形对象进行熟练操作。

任务描述

Windows 7是微软公司推出的Windows操作系统的较新版本，与之前的版本相比，Windows 7不仅具有靓丽的外观和桌面，而且操作更方便、功能更强大，本任务我们就共同来了解一下。

任务分析

要想达到理想的效果，学习本任务要注意以下几点：（1）Windows 7操作系统与其他操作系统的区别；（2）桌面相关基本操作方法；（3）窗口和对话框的区别及操作技巧 。

任务实施

一、认识Windows 7桌面

启动操作系统（OS）后，见到的屏幕界面通常称为桌面，如图2-1-1所示。

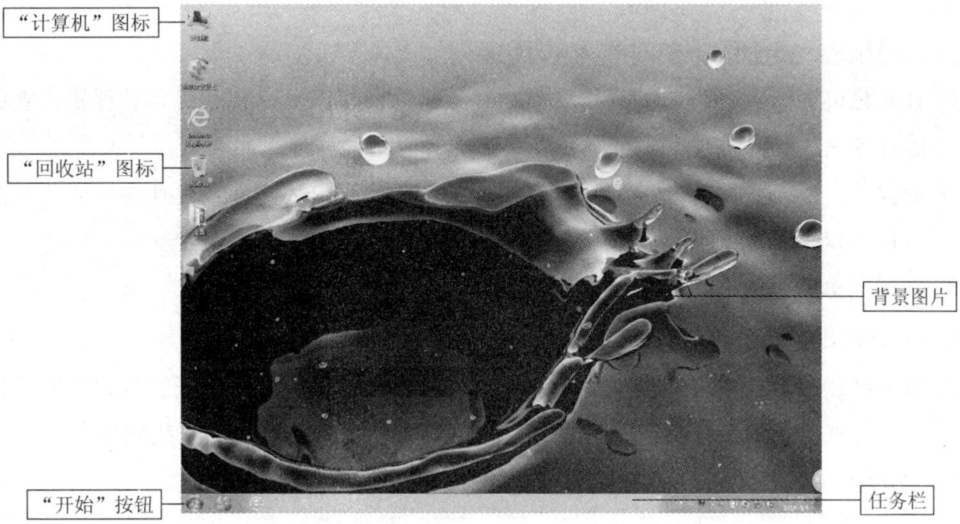

图2-1-1　桌面

相关知识：操作系统

- 操作系统的概念：操作系统是直接控制和管理计算机系统资源，并为用户充分使用这些资源提供交互操作界面的程序集合，是直接运行在"裸机"上的最基本的系统软件，任何其他软件都必须在操作系统的支持下才能运行。
- 操作系统的作用：一是提供用户与计算机之间的交互操作界面；二是提高系统资源的利用率，通过对计算机软件、硬件资源进行合理的调度与分配，改善资源的共享和利用状况，最大限度地发挥计算机系统的工作效率；三是为用户提供软件开发和运行的环境。
- 操作系统的功能：处理器管理（又称进程管理，主要是对CPU的控制与管理）、设备管理（是计算机外围设备与用户之间的接口，其功能是对设备资源进行统一管理）、存储管理（对内存的分配与管理，只有当程序和数据调入内存中时，CPU才能直接访问和执行）、作业管理（允许谁来使用计算机和怎样使用计算机的问题）和文件管理（对文件的组织、存取、删除、保护等，以便用户能方便、安全地访问文件）。
- 操作系统的分类：根据操作系统的使用环境和对作业的处理方式来划分，可分为批处理操作系统、分时操作系统和实时操作系统。根据所支持的用户数目来划分，可分为单用户操作系统和多用户操作系统。根据应用领域来划分，可分为桌面操作系统、服务器操作系统、嵌入式操作系统。
- 主流操作系统：随着计算机技术的发展，操作系统的发展也日新月异，由最初的DOS操作系统、Windows 95至Windows 10操作系统，功能越来越强大。除此以外，还有Linux、UNIX、OS/2、NetWare等操作系统。对个人计算机而言，主流操作系统仍然以Windows系统为主。常见的有Windows XP、Windows 7、Windows 8、Windows 10等版本。

相关知识：桌面图标的功能和作用

- 计算机：双击Windows 7桌面上的“计算机”图标，可以打开资源管理器，查看并管理相关的计算机资源，并显示连接到此计算机的硬件或驱动器。
- 回收站：用于暂时存放被删除的文件，包含已经删除的文件或文件夹。回收站里的文件可以恢复。
- 网络：访问网络上的计算机和设备。
- Internet Explorer：查找并显示Internet上的信用户息、网络和计算机。
- 任务栏：用于显示用户执行的多项任务，用户可以将各应用程序窗口缩小成图标，并成为任务栏的一个按钮，可以方便地实现各应用程序窗口之间的切换。
- “开始”按钮：单击该按钮可进入操作系统的“开始”菜单窗口。

二、认识“开始”菜单

“开始”菜单是执行任务的一个标准入口、一条重要通道，通过它可以打开文档、启动应用程序、关闭系统、搜索文件等。单击“开始”按钮可以打开“开始”菜单，如图2-1-2所示。右击“任务栏”，选择“属性”命令即可，在打开的对话框中设置开始菜单，如图2-1-3所示。

图2-1-2 “开始”菜单

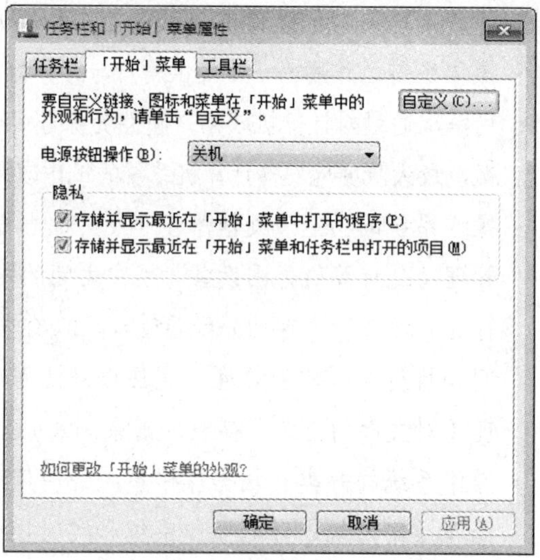

图2-1-3 设置“开始”菜单

相关知识：Windows 7的启动、睡眠、锁定和关机

- 启动：在启动Windows 7系统前，首先应确保在通电情况下将主机和显示器接通电源，然后按下主机箱上的Power按钮，即可自动进入Windows 7操作系统。

- 睡眠：睡眠是一种特殊的计算机系统运行状态，在睡眠中，计算机的主要功能停止运转，各种设备处于低功耗状态，屏幕无显示，不能进行任何工作，但是此时计算机并未关闭。
- 锁定：如果在工作时想临时离开一段时间，又要防止别人使用自己的计算机，除了关机以外，最好的办法就是将计算机锁定。计算机被锁定后，只有重新输入密码，进行登录后才能继续操作，从而保护了计算机中的数据。
- 关机：当不再使用计算机工作时，可以将计算机关闭，在关闭计算机前，应先关闭所有的应用程序，以免造成数据的丢失。

相关知识：“开始”菜单

“开始”菜单分成4个基本部分：

- 左边的大窗格显示计算机上程序的一个短列表，这个短列表中的内容会随着时间的推移有所变化，其中使用比较频繁的程序将出现在这个列表中。
- 左边窗格下方的“所有程序”比较特殊，单击它会改变左边窗格的内容，显示计算机中安装的所有程序，同时“所有程序”变成“返回”。
- 左边窗格的最底部是搜索框，通过输入搜索项可以在计算机中查找安装的程序或所需要的文件。
- 右边窗格提供了对常用文件夹、文件、设置和功能的访问，还可以注销Windows或关闭计算机。

三、使用桌面图标

桌面图标就是整齐排列在桌面上的一系列图片，这些图片由图标和图标名称两部分组成。在系统中这些图标也称作“快捷方式”，用户双击这些图标可以快速启动相应的程序。桌面上的图标并不是固定不变的，可以进行添加、删除、设置大小图标等。

相关知识：桌面图标的使用

- 添加系统图标：右击桌面选择“个性化”→“更改桌面图标”命令，打开“桌面图标设置”对话框，选中“计算机”和“网络”复选框，然后单击“确定”按钮。
- 排列桌面图标：右击桌面选择“排列方式”→“修改日期”命令。
- 删除桌面图标：在桌面上右击要删除的图标，选择删除命令，确认后即可删除。
- 查看桌面图标：桌面图标的大小是可以改变的，并且可以控制显示与隐藏。

四、排列桌面图标

右击桌面选择“排序方式”命令，可查看各种排列方式，如图2-1-4所示。

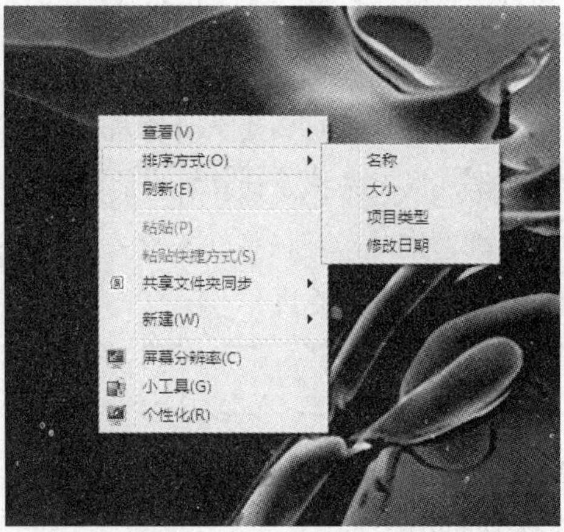

图2-1-4　桌面图标的排列方式

相关知识：桌面图标的排列方式

- 名称：选择该命令，将按桌面图标名称的字母顺序排列图标。
- 大小：选择该命令，将按文件的大小顺序排列图标。如果图标是某个程序的快捷方式图标，则文件大小指的是快捷方式文件的大小。
- 项目类型：选择该命令，将按桌面图标的类型顺序排列图标。
- 修改日期：选择该命令，将按快捷方式图标最后的修改时间排列图标。

五、查看桌面图标

右击桌面，在弹出的快捷菜单中单击“查看”命令，可查看不同情况下图标的变化，如图2-1-5所示。

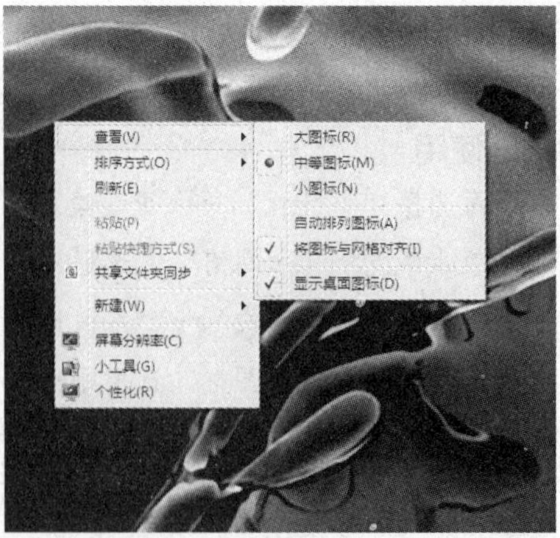

图2-1-5　桌面图标的查看方式

相关知识：查看桌面图标

- 大图标、中等图标、小图标：选择这几个命令，可以更改桌面图标的大小。
- 自动排列图标：选择该命令，图标将自动从左向右以列的形式排列。
- 将图标与网格对齐：屏幕上有不可视的网格，选择该命令，可以将图标固定在指定的网格位置上，使图标相互对齐。
- 显示桌面图标：选择该命令，桌面上将显示图标；否则看不到桌面图标。

六、了解任务栏

顾名思义，任务栏（见图2-1-6）就是用于执行或显示任务的“专栏”，它是一个矩形条。左侧是“快速启动栏”，其中包含若干应用程序图标，单击某程序图标，可以快速启动相应的程序。如果要将一个经常使用的应用程序图标添加到快速启动栏中，可以在桌面上拖动快捷方式图标到快速启动栏上，然后释放鼠标即可。中间是任务栏的主体部分，显示了正在执行的任务，当不打开窗口或程序时，它是一个蓝色条。如果打开了窗口或程序，任务栏的主体部分将出现一个个按钮，分别代表已打开的不同窗口或程序。单击这些按钮，可以在打开的窗口之间切换。右侧是“系统区域”，这里显示了系统时间、声音控制图标、网络连接状态图标等。另外，一些应用程序最小化以后，其图标也会出现在这个位置。

在Windows 7操作系统中，任务栏中图标位置不再是固定不变的，用户可根据需要任意拖动图标的位置。用鼠标拖动可更改图标在任务栏中显示的位置，也可以右击任务栏，在弹出的快捷菜单中选择“属性”命令，在“任务栏和「开始」菜单属性”对话框中设置任务栏，如图2-1-7所示。

图2-1-6　任务栏

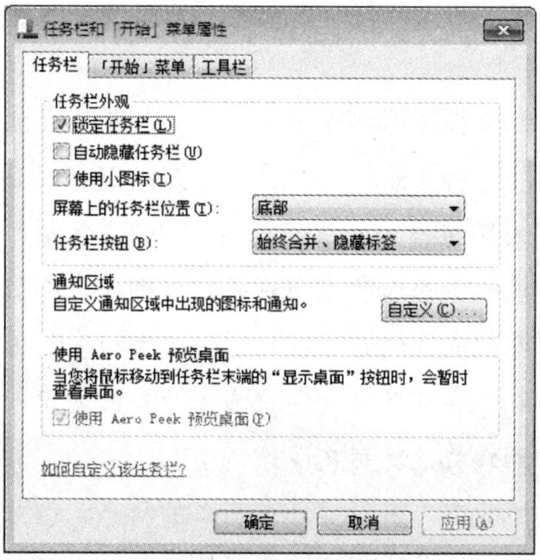

图2-1-7　设置“任务栏”

七、认识窗口

窗口是Windows操作系统中的重要组成部分，很多操作都是通过窗口来完成的。窗口相当于桌面上的一个工作区域，用户可以在窗口中对文件和文件夹进行操作，或者对某个程序进行操作。不同程序的窗口有不同的布局和功能，下面以“计算机”窗口为例进行介绍，如图2-1-8所示。

图2-1-8 “计算机”窗口

相关知识：窗口的组成

- 地址栏：用于显示当前所处的路径。地址栏左侧为“前进”按钮和“后退”按钮，右侧为“刷新”按钮。
- 搜索框：用于搜索计算机和网络中的信息，并不是所有的窗口都有搜索框。搜索框的上方为控制按钮，分别是最小化按钮、最大化/还原按钮、关闭按钮。
- 列表区：左侧的列表区将整个计算机资源划分为4个大类：收藏夹、库、计算机和网络，可以更好地组织、管理及应用资源，使操作更高效。例如，在收藏夹下“最近访问的位置”中可以查看到最近打开过的文件和系统功能，方便再次使用。
- 工作区：这是窗口最主要的部分，用来显示窗口的内容，用户就是通过工作区操作计算机的，如查找、移动、复制文件等。
- 信息栏：位于窗口的底部，用来显示该窗口的状态。例如，选择了部分文件时，信息栏中将显示选择的文件个数、修改日期等。

八、窗口操作

窗口操作指用户平时可对窗口进行的操作，具体包括如下框中内容。

相关知识：窗口的操作

- 缩放：鼠标指针移到窗口的四个边框上，当指针变成双向箭头时拖动鼠标，可以对窗口进行水平或垂直缩放。
- 移动：鼠标拖动标题栏可以移动窗口。
- 大小：通过标题栏的按钮完成操作。
- 切换：Alt+Tab组合键，可实现窗口之间的切换。
- 自动排列：右击任务栏空白，选择各种排列方式。

九、认识对话框

在Windows操作系统中，对话框（见图2-1-7）是一个非常重要的概念，它是用户更改参数设置与提交信息的特殊窗口，在进行程序操作、系统设置、文件编辑时都会用到对话框。

相关知识：对话框与窗口的区别

用户一定要区分窗口和对话框，这是两个完全不同的概念，它们虽然有很多相同之处，但是区别也是明显的。

- 作用不同：窗口用于操作文件，而对话框用于设置参数。
- 概念的外延不同：从某种意义上来说，窗口包含对话框，也就是说，在窗口环境下通过执行某些命令，可以打开对话框；反之则不可以。
- 外观不同：窗口没有“确定”或“取消”按钮，而对话框都有这两个按钮。
- 操作不同：窗口可以最小化、最大化/还原操作，也可以调整大小，而对话框一般是固定大小，不能改变。

构成对话框的组件比较多，但是，并不是每一个对话框中都必须包含这些组件，一个对话框可能只用到几个组件。常见的组件有选项卡、单选按钮、复选框、文本框、下拉列表、列表、数值框与滑块等，如图2-1-9所示。具体介绍如下。

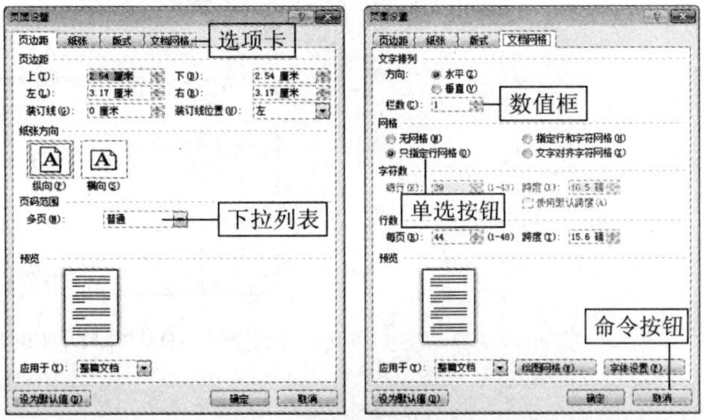

图2-1-9　典型的对话框

相关知识：对话框的组成

- 选项卡：也叫标签，当一个对话框中的内容比较多时，往往会以选项卡的形式进行分类，在不同的选项卡中提供相应的选项。选项卡一般位于标题下方，单击可进行切换。
- 单选按钮：一组相互排斥的选项，在一组单选按钮中，任何时刻只能选择其中的一个，被选中的单选按钮内有一个圆点，未被选中的单选按钮内无圆点，其特点是“多选一”。
- 复选框：可以同时选中一个或多个，是一个小方框，被选中的复选框中有一个对钩，未被选中的复选框中没有对钩，它的特点是“多选多”。
- 文本框：是一个矩形方框，其作用是允许用户输入文本内容。
- 下拉列表：是一个矩形框，显示当前的选定项，但是其右侧有一个小三角形按钮，单击它可以打开一个下拉列表，其中有很多可供选择的选项。如果选项太多，不能一次显示出来，将出现滚动条。
- 数值框：数值框实际上是由一个文本框加上一个增减按钮构成，所以可以直接输入数值，也可以通过单击增减按钮的上下箭头改变数值。
- 命令按钮：单击可执行一个命令，有时还会弹出一个对话框。

十、对话框操作

对话框是Windows与用户进行信息交换的界面，Windows可以通过对话框向用户传递信息并获取用户信息，以确定要执行的操作。双击任务栏最右侧的系统时间，打开“日期和时间”对话框，在对话框中完成系统日期和时间的修改，如图2-1-10所示。

图2-1-10 “日期和时间”对话框

学习评价

请结合完成的任务，进行下列评价：

评价内容	评价项目	评价内容	自我评价	改进措施
认识Windows 7	桌面	认识桌面		
	图标	掌握图标相关操作		
	任务栏	理解任务栏		
	窗口	认识窗口并会操作		
	对话框	认识对话框并会相关操作		

思考与练习

排列图标，设置任务栏、操作窗口和对话框。

任务二　管 理 文 件

学习目标

通过学习本任务，你将能够：

（1）熟悉资源管理器的构成及功能；

（2）知道文件和文件夹的功能和作用；

（3）知道命名规则，能够通过文件的扩展名说出文件的类型；

（4）能够在资源管理器中熟练地进行浏览、选择操作；

（5）会管理文件和文件夹；

（6）能够在资源管理器中进行文件和文件夹操作；

（7）掌握创建、删除与恢复、更名、剪切与粘贴、移动或复制、查找等操作。

任务描述

如果把一台计算机比作一个房间，那么文件就相当于房间中的物品。随着时间的推移物品会越来越多，如果不善于管理，房间就会凌乱不堪。同样，计算机也是如此，当文件越来越多时，如果管理不善，就会造成工作效率降低，甚至影响计算机的运行速度。所以，一定要学会管理自己的计算机。Windows 7操作系统的基本功能之一就是帮助用户管理系统中的各种资源，即各种文件和文件夹资料，这些管理包括创建、复制、移动、删除和重命名等操作，这些操作是在计算机上执行各项命令时必须掌握的。计算机中的一切数据都是以文件的形式存放在计算机中的，而文件夹则是文件的集合。文件和文件夹是Windows操作系统中的两个重要的概念。

任务分析

要想达到理想的效果，学习本任务要注意以下几点：（1）Windows资源管理器的相关知识和内容；（2）新建、复制、修改、删除文件和文件夹等操作方法；（3）查找、打开文件及管理文件等方式方法。

任务实施

一、了解文件和文件夹的相关概念

1. 文件和文件夹概述

（1）文件：是Windows中最基本的存储单位，包含文本、图像及数值数据等信息。文件名由文件名和扩展名两部分组成。

（2）文件夹：是文件的集合，用来存放文件。文件夹的外观由文件夹图标和文件夹名组成。

（3）文件与文件夹的关系：都是存放在计算机的磁盘中，文件夹中可以包含多个文件和子文件夹，也可以不包含任何文件和文件夹，不包含任何文件的文件夹称为空文件夹。

（4）文件与文件夹的路径：路径指文件或文件夹在计算机中存储的位置，当打开某个文件夹时，在地址栏中即可看到该文件夹的路径。

2. 文件命名规则

（1）Windows 7支持长文件名，最长可达255个有效字符，不区分大小写。

（2）文件名中可以有多个分隔符“.”，以最后一个作为扩展名的分隔符。

（3）文件名称中除开头以外的任何位置都可以有空格。

（4）文件名称的有效字符包括汉字、数字、英文字母及各种特殊符号，但文件名中不允许有/、?、\、*、”、<、>等。

（5）在同一位置的文件不允许重名。

二、认识资源管理器

选择“开始”→“所有程序”→“附件”→“Windows资源管理器”命令（见图2-2-1），可打开资源管理器。资源管理器主界面如图2-2-2所示。

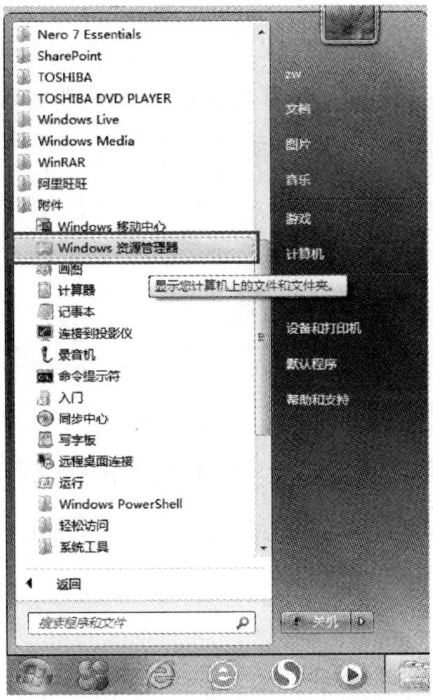

图2-2-1　选择“Windows资源管理器”命令

图2-2-2　“资源管理器”窗口

相关知识：“资源管理器”的组成

- “前进”和“返回”按钮：可以导航至已打开的其他文件夹或库，而无须关闭当前窗口。
- 地址栏：可以导航至不同的文件夹或库。

- 搜索框：可查找当前文件夹或库中的项，一旦输入内容，搜索就开始。
- 工具栏：执行一些常见任务。工具栏的按钮可更改为仅显示相关的任务。
- 左窗格：以树形结构表示资源。使用左窗格可以访问库、文件夹、保存的搜索结果，甚至可以访问整个硬盘。
- 右窗格：显示当前资源的内容。
- 状态栏：查看与选定文件关联的信息。

三、管理文件和文件夹

要想把计算机中的资源管理得井然有序，首先要掌握文件和文件夹的基本操作方法。文件和文件夹的基本操作主要包括新建文件和文件夹、文件和文件夹的选定、重命名、移动、复制、删除和排序等。

1. 创建文件和文件夹

在D盘根目录下创建一个名为“我的工作资料”的文件夹，并在该文件夹中创建一个名为“小班活动纪实”的文本文档。

操作过程如下：

（1）打开资源管理器，进入D盘目录。

（2）在D盘空白处右击，在弹出的快捷菜单中选择“新建”→“文件夹”命令，如图2-2-3所示。

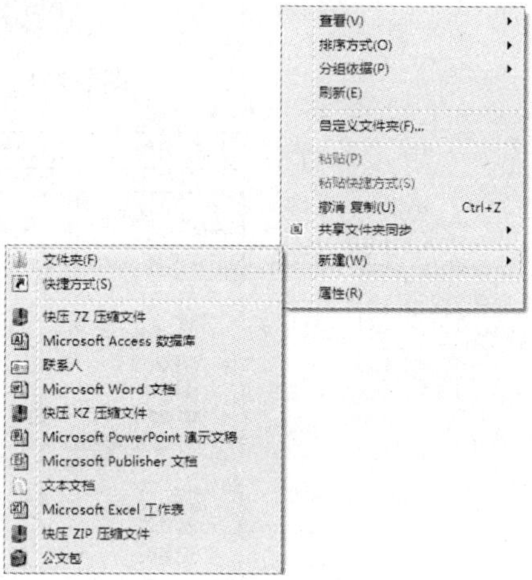

图2-2-3 新建文件夹

（3）此时生成一个文件夹名称以高亮状态显示。直接输入文件夹的名称“我的工作资料”然后按【Enter】键即可，如图2-2-4所示。

（4）双击进入该文件夹，在空白处右击，在弹出的快捷菜单中选择“新建”→“文件夹”命令，再新建一个文件夹。

（5）此时文档名称以高亮状态显示。直接输入文件名称“小班活动纪实”然后按【Enter】键完成文件夹的创建，如图2-2-5所示。

图2-2-4 新建的“我的工作资料”文件夹

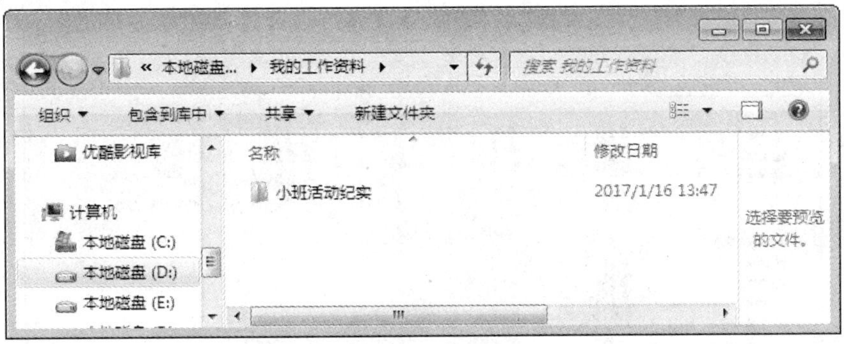

图2-2-5　新建的“小班活动纪实”文件夹

2．选择文件和文件夹

要对文件或文件夹进行操作，首先要选定文件或文件夹。为了便于用户快捷选择文件和文件夹，Windows系统提供了多种文件和文件夹的选择方法。操作过程如下：

（1）选择一个文件或文件夹：直接单击要选定的文件或文件夹即可，如图2-2-6所示。

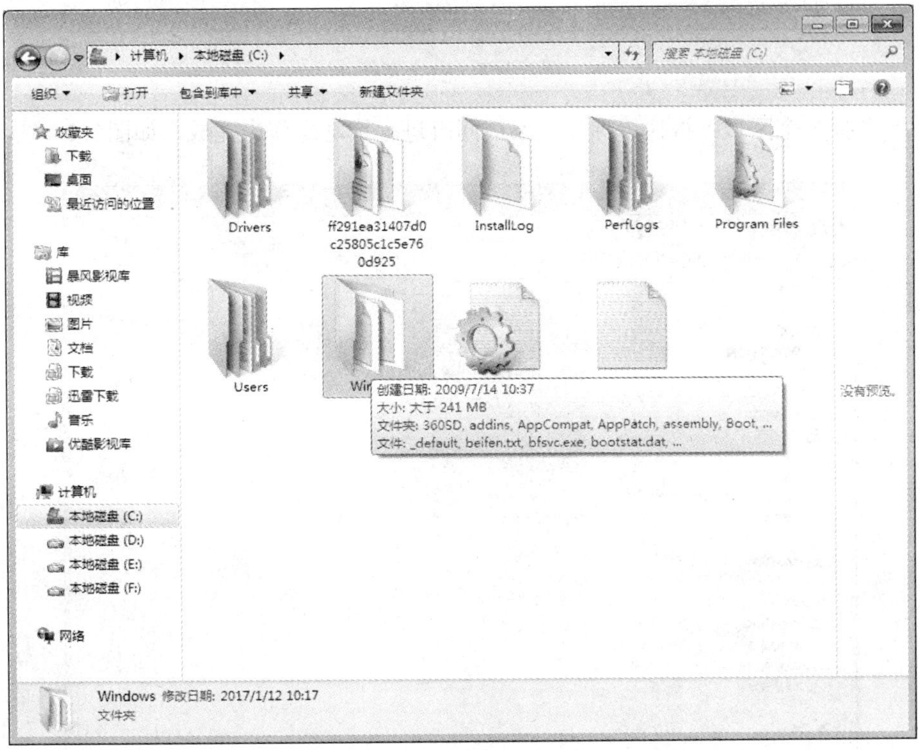

图2-2-6　选择单个文件

（2）全选：选择“组织”→“全选”命令或者按【Ctrl+A】组合键，如图2-2-7所示。

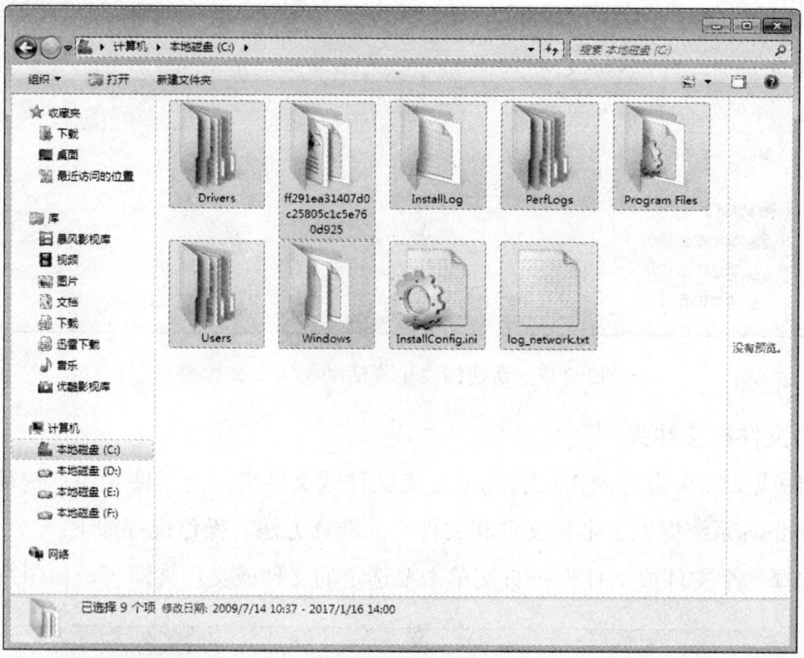

图2-2-7 全选文件

（3）选择一个区域：按住鼠标左键不放同时进行拖动操作来完成，如图2-2-8所示。

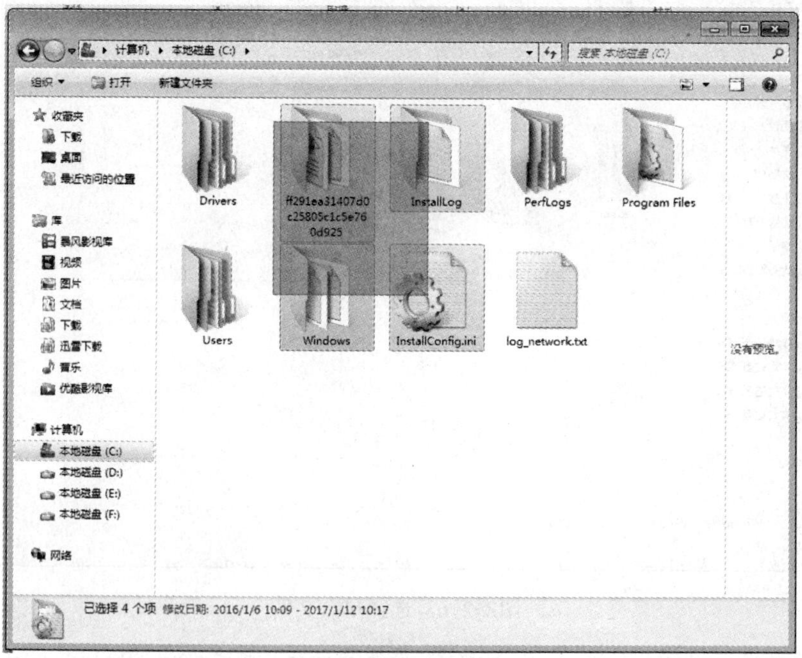

图2-2-8 用鼠标拖动选择文件

（4）选择多个连续文件或文件夹：先按下【Shift】键，并单击第一个文件或文件夹图标，然后单击最后一个文件或文件夹图标即可选定它们之间的所有文件或文件夹，如图2-2-9所示。

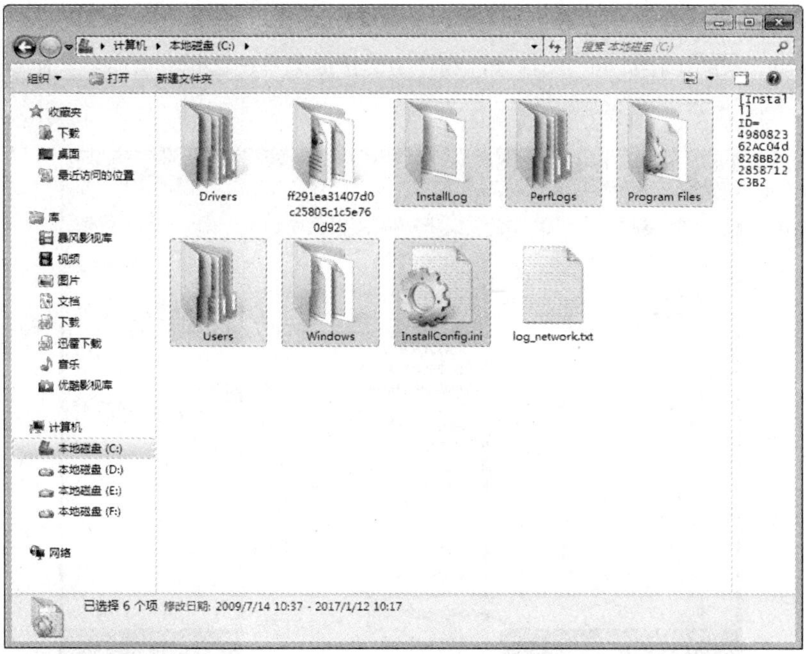

图2-2-9 选择多个相邻的文件

（5）选择多个不连续的文件和文件夹：按住【Ctrl】键，然后单击要选择的文件和文件夹，如图2-2-10所示。

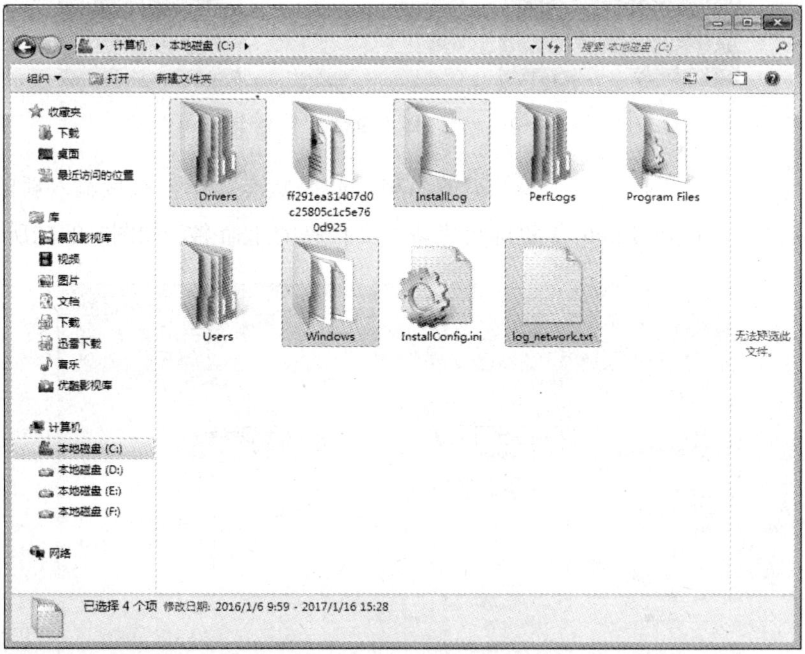

图2-2-10 选择多个不相邻的文件

3．重命名文件和文件夹

将D盘中“我的工作资料”文件夹重命名为“小班教学资源”。操作过程如下：

（1）打开资源管理器，进入D盘目录。

（2）右击“我的工作资料”文件夹，在弹出的快捷菜单中选择“重命名”命令，如图2-2-11所示。

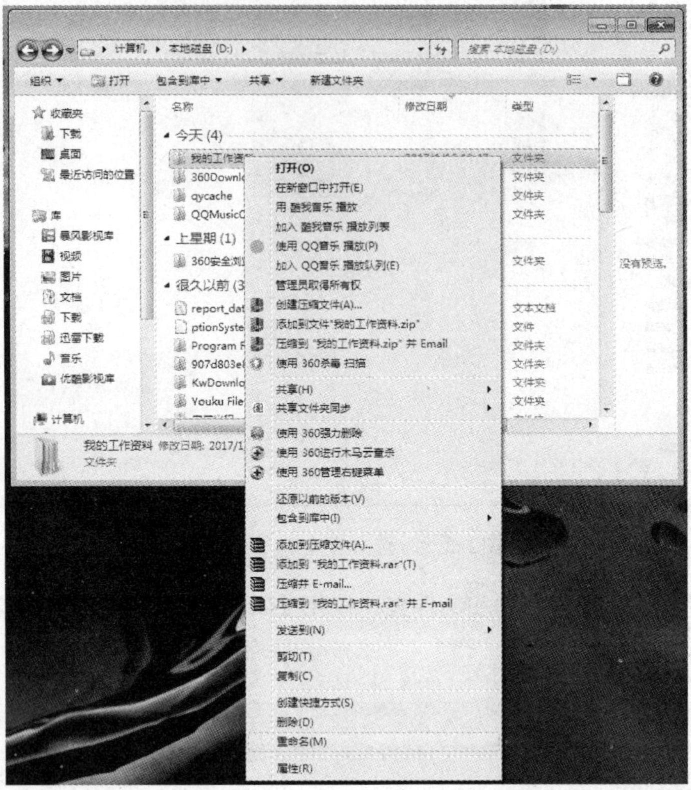

图2-2-11　选择“重命名”命令

（3）此时“我的工作资料”文件夹的名称以高亮状态显示。直接输入新的文件夹名称“小班教学资源”然后按【Enter】键即可完成对文件夹的重命名，如图2-2-12所示。

图2-2-12　重命名后效果

4．复制文件和文件夹

复制文件和文件夹是为了将一些比较重要的文件和文件夹加以备份，也就是将文件或文件夹复制一份到硬盘的其他位置，使文件或文件夹更加安全，以免发生意外的丢失情况，而造成不必要的损失。将D盘根目录下名为“小班教学资源”文件夹，备份到E盘根目录下。操作过程如下：

（1）打开资源管理器，进入D盘目录。

（2）右击“小班教学资源”文件夹，在弹出的快捷菜单中选择“复制”命令，如图2-2-13所示。

图2-2-13 选择“复制”命令

（3）进入E盘，在空白处右击，在弹出的快捷菜单中选择“粘贴”命令。

（4）此时，名为“小班教学资源”的文件夹已经备份到了E盘中，如图2-2-14所示。

5．移动文件和文件夹

在Windows中，用户可以使用鼠标拖动的方法，或菜单中的“剪切”和“粘贴”命令，对文件或文件夹进行移动操作。将D盘根目录下名为“小班教学资源”的文件夹中的“小班活动纪实”文件移动到桌面上。操作过程如下：

（1）打开资源管理器，进入D盘目录。

（2）打开“小班教学资源”文件夹，右击“小班活动纪实”文件，在弹出的快捷菜单中选择“剪切”命令，如图2-2-15所示。

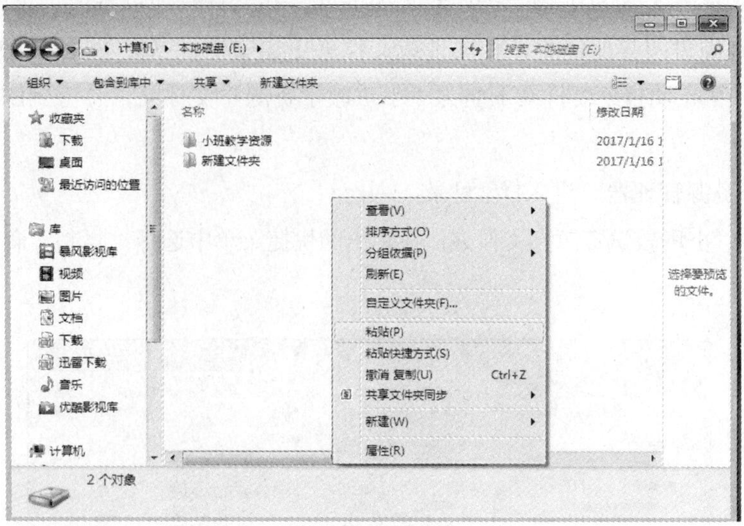

图2-2-14　选择“粘贴”命令

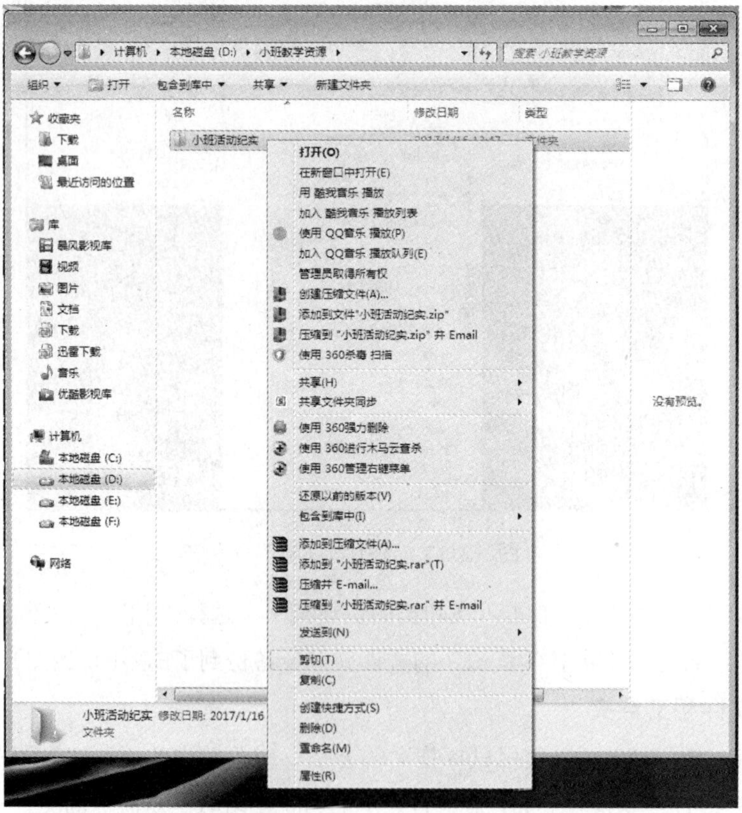

图2-2-15　选择“剪切”命令

（3）回到桌面，在空白处右击，在弹出的快捷菜单中选择“粘贴”命令，如图2-2-16所示。

图2-2-16　选择“粘贴”命令

（4）此时，名为“小班活动纪实”的文件已经移动到了桌面上。

相关知识：移动操作注意事项

要在不同的磁盘之间或者文件夹之间执行拖动操作，可同时打开两个窗口，然后将文件从一个窗口拖动至另一个窗口。

将文件和文件夹在不同磁盘分区之间进行拖动是，默认操作时复制。在同一分区中拖动时，默认是移动。

要在同一分区中从一个文件夹复制到另一个文件夹，在拖动时按住【Ctrl】键。

要在不同磁盘分区之间移动文件，在拖动时按下【Shift】键。

6．删除文件和文件夹

为了保持计算机中文件系统的整洁、有条理，同时也为了节省磁盘空间，用户经常需要删除一些已经没有用的或损坏的文件和文件夹。操作过程如下：

（1）右击要删除的文件或文件夹，在弹出的快捷菜单中选择“删除”命令，如图2-2-17所示。

（2）在资源管理器中选中要删除的文件或文件夹，然后选择“组织”→“删除”命令，如图2-2-18所示。

（3）选择要删除的文件或文件夹，然后按【Delete】键。

（4）用鼠标将要删除的文件或文件夹直接拖动到桌面的“回收站”中。

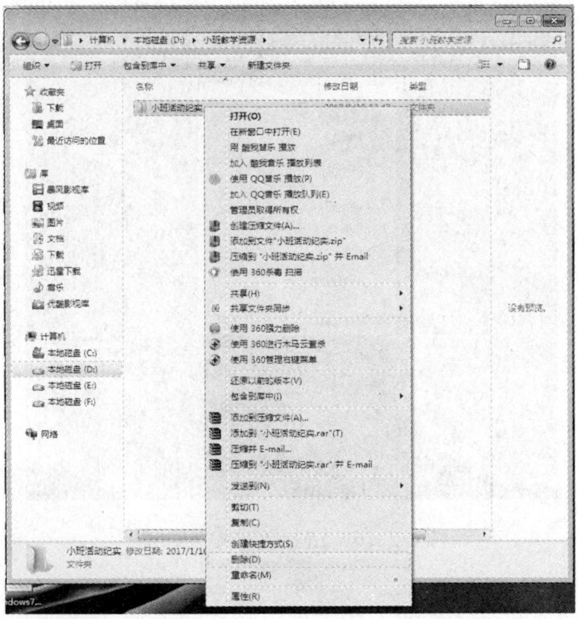

图2-2-17　选择“删除”命令

图2-2-18　选择“删除”命令

相关知识：删除文件注意事项

正在使用的文件或文件夹，系统不允许对其进行删除操作，若要删除，应关闭文件。

删除操作后，文件或文件夹放在回收站中，并没有被彻底删除。若误删了这些文件可将其恢复，若想彻底删除，可清空回收站。回收站清空后，这些文件不能用一般的方法恢复。

7．文件和文件夹的排序

在Windows中，用户可以对文件或文件夹进行排序。将D盘中的文件和文件夹按照修改时间进行排序。操作过程如下：

（1）打开资源管理器，进入D盘目录。

（2）在D盘的空白处右击，在弹出的快捷菜单中选择“排序方式”→“修改日期”命令，即可将D盘中的文件和文件夹按照修改时间进行排序，如图2-2-19所示。

8．文件和文件夹的显示方式

在“资源管理器”窗口中查看文件或文件夹时，系统提供了多种文件和文件夹的显示方式，如图2-2-20所示。

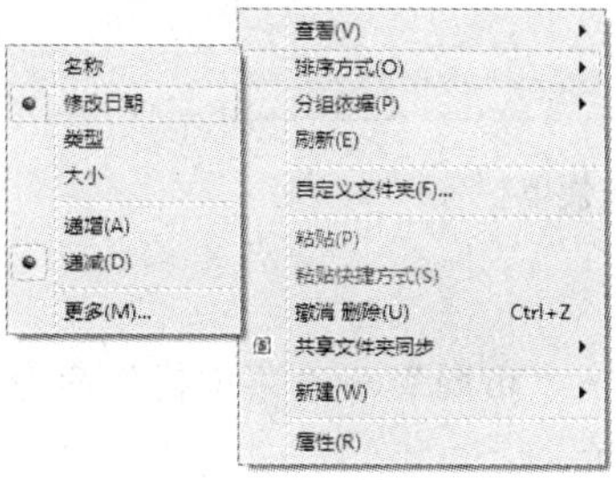

图2-2-19　文件排序

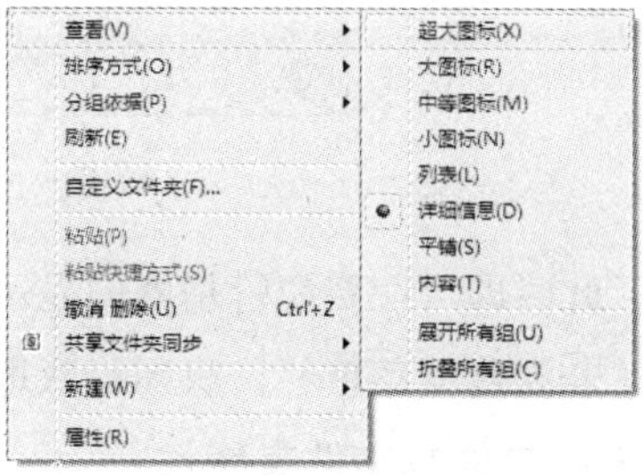

图2-2-20　文件查看方式

相关知识：文件和文件夹的显示方式

- 超大图标、大图标和中等图标：将文件夹中所包含的图像文件显示在文件夹图标上，以方便用户快捷识别文件夹中的内容。
- 小图标：以图标形式显示文件和文件夹，并在图标的右侧显示文件或文件夹的名称、类型和大小等信息。
- 列表：文件或文件夹以列表方式显示，文件夹顺序按纵向方式排列，文件或文件夹的名称显示在图标的右侧。
- 详细信息：文件或文件夹整体以列表方式显示，除了显示文件图标和名称外还显示文件的类型、修改日期等相关信息。
- 平铺：类似“中等图标”显示方式，但可显示更多内容，文件和文件夹的名称显示在图标的右侧。
- 内容：“详细信息”显示方式的增强版，文件和文件夹将以缩略图的方式显示。

四、设置文件和文件夹

1．恢复文件夹的菜单栏

Windows 7默认不显示菜单栏，下面我们来在Windows 7的资源管理器中显示菜单栏。操作过程如下：

（1）打开资源管理器，选择“组织”→“布局”→“菜单栏”命令。如图2-2-21所示。

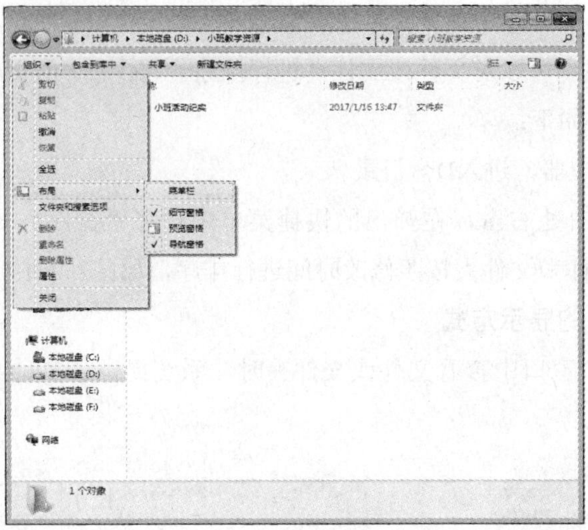

图2-2-21　显示隐藏菜单栏

（2）此时即可在资源管理器中显示菜单栏。

（3）若要隐藏菜单栏，只需再次选择“组织”→“布局”→“菜单栏”命令即可。

2．设置文件或文件夹属性

将D盘的“小班教学资源”文件夹中的“小班活动纪实”文件夹属性设置为只读和隐藏。操作过程如下：

（1）打开资源管理器，进入D盘，进入“小班教学资源”文件夹。

（2）右击“小班活动纪实”文件夹，在弹出的快捷菜单中选择“属性”命令，如图2-2-22所示。

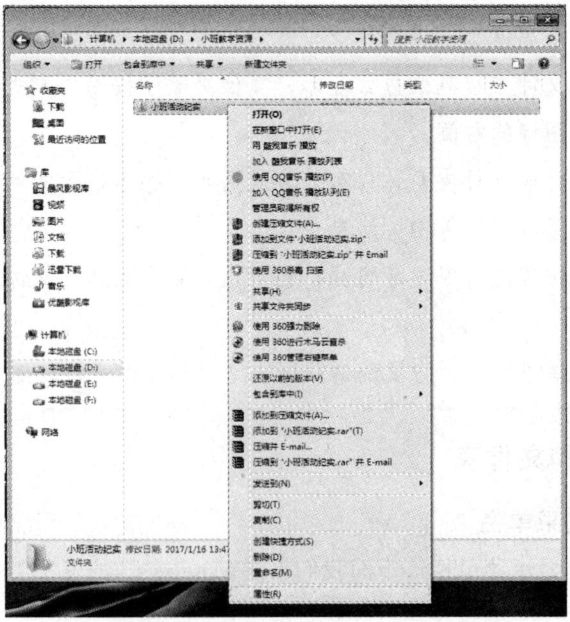

图2-2-22　选择“属性”命令

（3）在打开的“属性”对话框的“常规”选项卡中，选中“隐藏”复选框，然后单击“确定”按钮，如图2-2-23所示。

（4）如果文件夹中还有子文件夹，会弹出“确认属性”更改对话框中，选中“将更改应用于此文件夹、子文件夹和文件”单选按钮，然后单击“确定”按钮，即可完成属性的更改。

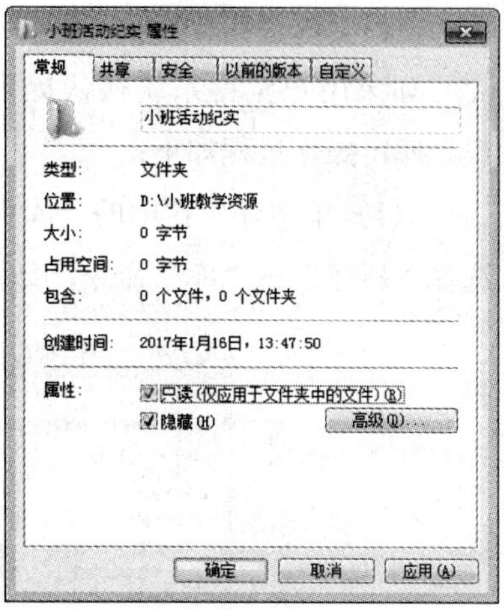

图2-2-23　属性设置对话框

3. 显示隐藏文件或文件夹

文件和文件夹被隐藏后，如果想再次访问它们，可以通过查看隐藏文件功能显示隐藏文件和文件夹。操作过程如下：

（1）打开资源管理器，选择“工具”→“文件夹选项”命令，如图2-2-24所示。

（2）打开“文件夹选项”对话框，切换至“查看”选项卡，在“高级设置”列表中选中“显示隐藏的文件、文件夹和驱动器”单选按钮，如图2-2-25所示。

图2-2-24　选择“文件夹选项”命令

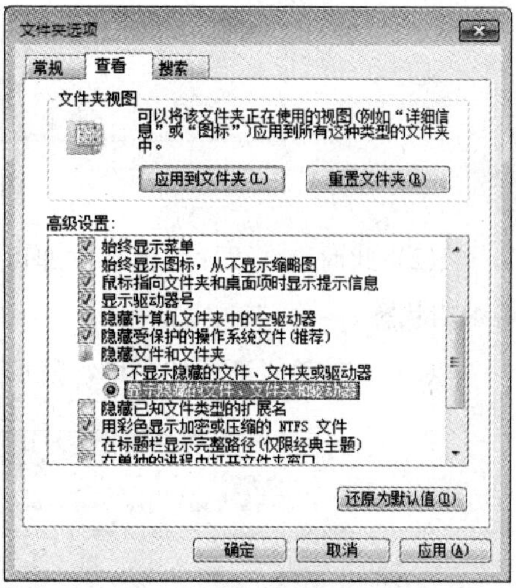

图2-2-25　“文件夹选项”对话框

五、认识Windows 7的库

在Windows 7中引入了库的概念，它具有强大的功能，运用它可以大大提高用户使用计算机的方便程度。

Windows 7文件库可以将用户需要的文件和文件夹全部集中在一起，就像是网页收藏夹一样，只要单击库中的链接，就能快速打开添加到库中的文件。库中的链接还会随着原始文件夹的变化而自动更新，并且可以以同名的形式存在于文件库中。默认情况下，Windows 7取消了快速启动栏，“库”文件夹显示在任务栏左侧的位置。在各个文件夹或计算机窗口的左侧任务窗格中可以快速启动“库”或“库”文件夹。

如果用户觉得系统默认提供的库目录还不够使用，还可以新建库目录。新建一个“下载”库，操作过程如下：

（1）单击任务栏中的“库”按钮打开“库”窗口，在空白处右击，在弹出的快捷菜单中选择“新建”→“库”命令，如图2-2-26所示。

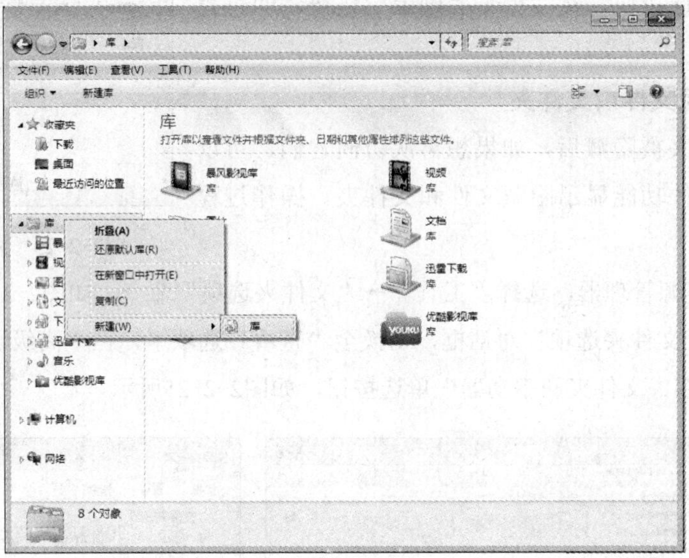

图2-2-26　新建“库”

（2）此时，在“库”窗口中即可自动出现一个名为“新建库”的图标，并且其名称处于可编辑状态。

（3）直接输入新库的名称，然后按【Enter】键，即可新建一个库，如图2-2-27所示。

图2-2-27　新建的“资源库”

学习评价

请结合完成的任务，进行下列评价：

评价内容	评价项目	评价内容	自我评价	改进措施
文件管理	资源管理器	启动及界面认识		
	库	概念及新建库和使用库		
	管理文件和文件夹	新建、删除、重命名、复制、剪切、粘贴等操作		
	设置文件和文件夹	文件属性		
	文件操作	文件排序和显示		

思考与练习

根据需要进行查找文件，熟练进行文件管理操作。

任务三　应用控制面板

学习目标

通过学习本任务，你将能够：

（1）会在“控制面板”上修改日期和时间；

（2）会在“控制面板”中改变桌面背景；

（3）能够根据需要设置鼠标和键盘；

（4）能够添加安装打印机。

任务描述

Windows 7对计算机的管理主要指使用“控制面板”对系统的应用软件进行管理。“控制面板”是计算机的控制中心，在“控制面板”中用户可以访问资源和使用工具控制系统，从而决定Windows 7的外观和功能。

任务分析

控制面板是Windows系统中重要的设置工具之一，方便用户查看和设置系统状态。Windows 7系统中的控制面板有一些操作方面的改进设计。学习本任务要注意以下几点：（1）掌握使用“控制面板”配置系统的方法；（2）掌握配置设备时驱动程序的安装方法。

任务实施

一、打开控制面板

单击Windows 7桌面左下角的“开始”按钮，从“开始”菜单中选择“控制面板”命令就可以打开Windows 7系统的控制面板，如图2-3-1所示。控制面板主界面如图2-3-2所示。

图2-3-1　打开“控制面板”

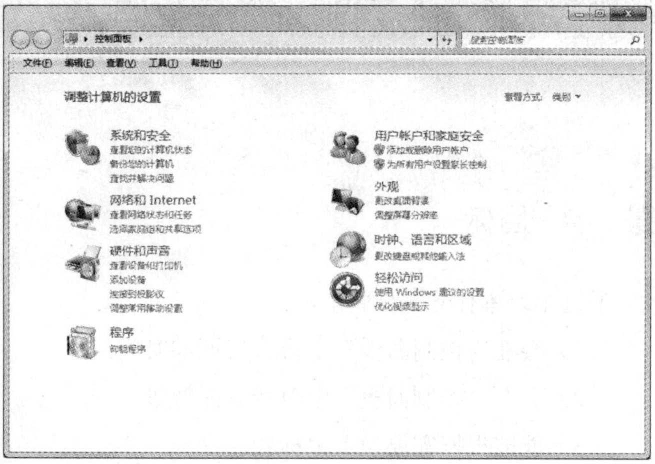

图2-3-2　“控制面板”主界面

二、Windows 7控制面板的查看方式

Windows 7系统的控制面板默认以“类别”的形式来显示功能菜单，分为系统和安全、用户账户和家庭安全、网络和Internet、外观、硬件和声音、程序、轻松访问，以及时钟、语言和区域等类别，每个类别下会显示该类的具体功能选项，如图2-3-3所示。除了“类别”，Windows 7控制面板还提供了“大图标”和“小图标”的查看方式，只需单击控制面板右上角“查看方式”旁边的下拉按钮，从中选择自己喜欢的形式即可，如图2-3-4和图2-3-5所示。

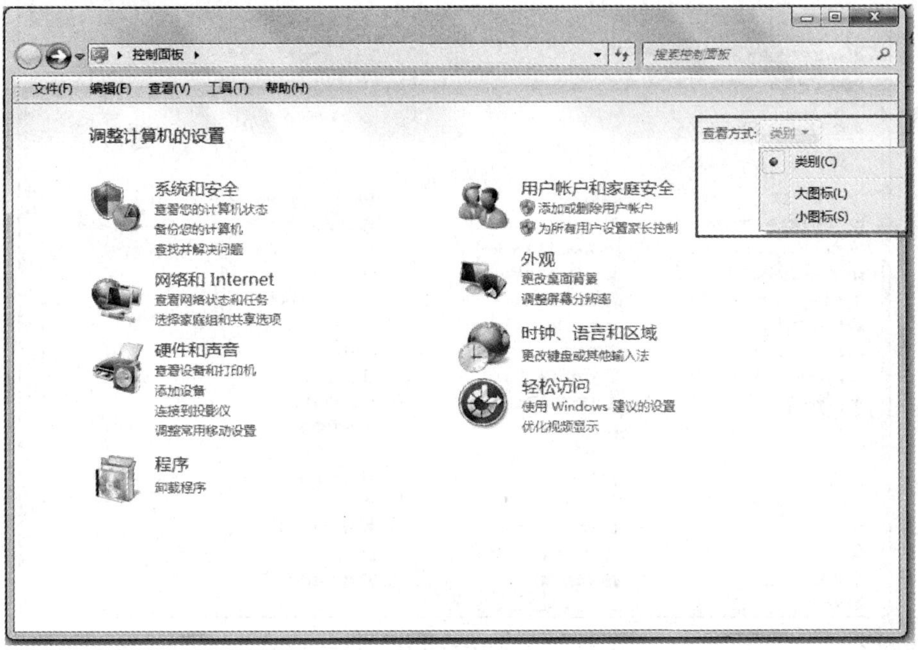

图2-3-3 控制面板查看方式

图2-3-4 控制面板大图标查看方式

图2-3-5 控制面板小图标查看方式

三、巧用搜索快速查找Windows 7控制面板应用

Windows 7系统的搜索功能非常强劲，控制面板中也提供了好用的搜索功能。只要在控制面板右上角的搜索框中输入关键词，按【Enter】键后即可看到控制面板功能中相应的搜索结果，这些功能按照类别做了分类显示，一目了然，极大地方便用户快速查看功能选项，如图2-3-6所示。

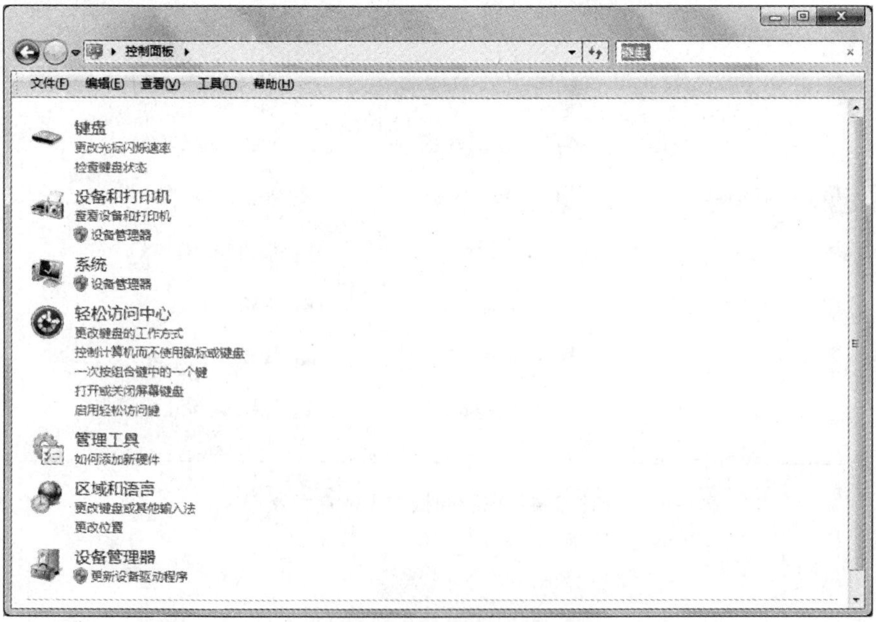

图2-3-6 控制面板的搜索功能

四、用地址栏导航快速查找Windows 7控制面板功能

用户还可以充分利用Windows 7控制面板中的地址栏导航，快速切换到相应的分类选项或者指定需要打开的程序。单击地址栏每类选项右侧向右的按钮，即可显示该类别下所有程序列表，从中选择需要的程序即可快速打开相应程序，如图2-3-7所示。

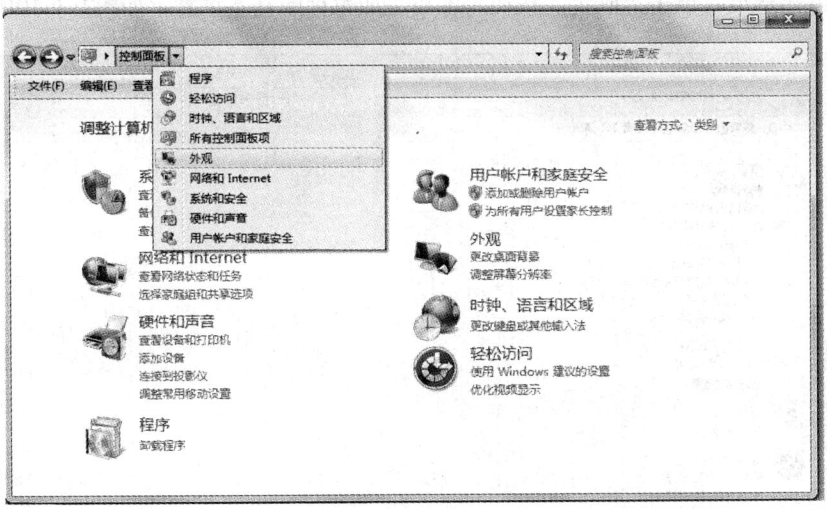

图2-3-7 控制面板的快速导航功能

五、更改桌面背景

单击控制面板主界面外观下的“更改桌面背景”，打开设置桌面背景窗口，如图2-3-8所示。设置图片位置，选择图片，单击“保存修改”按钮，完成桌面背景设置。

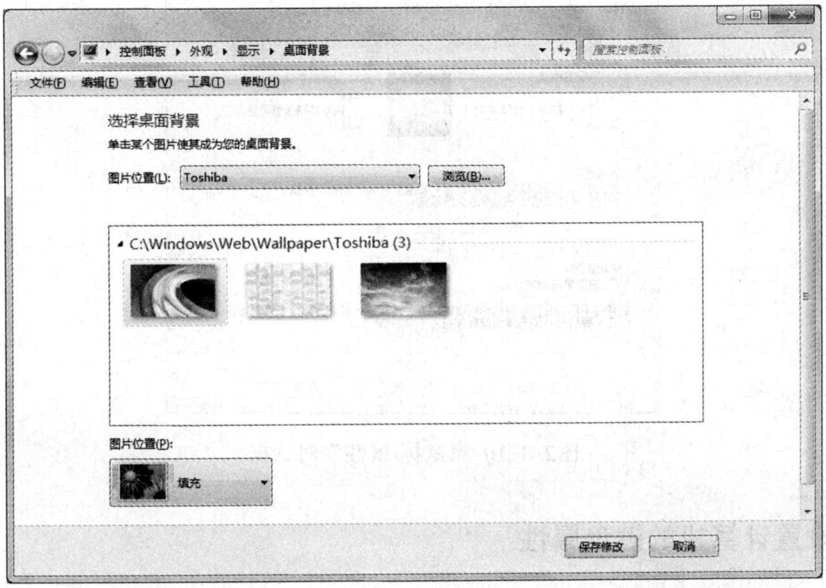

图2-3-8 设置桌面背景

六、设置计算机的鼠标属性

在控制面板搜索框中输入“鼠标”，如图2-3-9所示。单击“鼠标”打开鼠标属性对话框，在“按钮”选项卡的“鼠标键配置”设置栏可以选择“习惯右手”或“习惯左手”，确定鼠标左、右键的作用。一般习惯选择“习惯右手”。在“双击速度”设置栏中，拖动滑块，选择适合的双击速度，单击“确定”按钮，即可完成鼠标的基本设置，如图2-3-10所示。

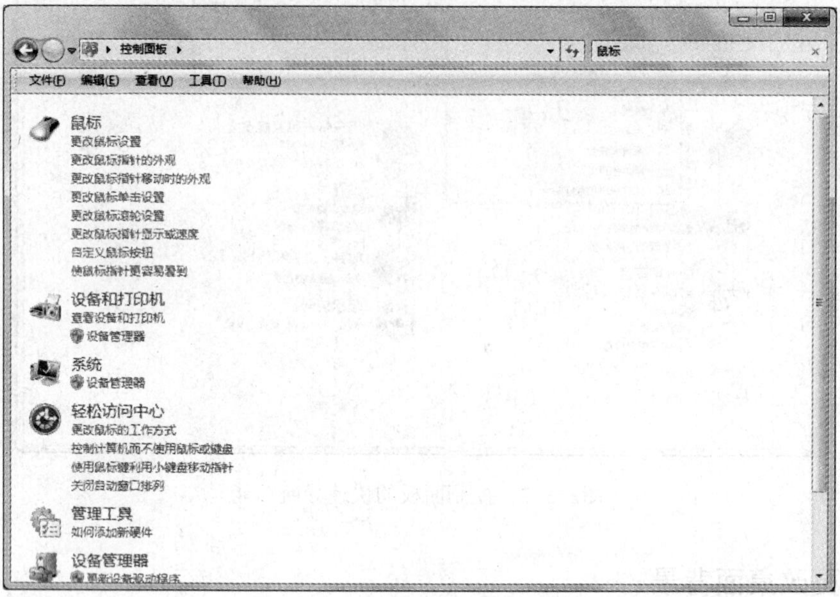

图2-3-9　搜索查找“鼠标”

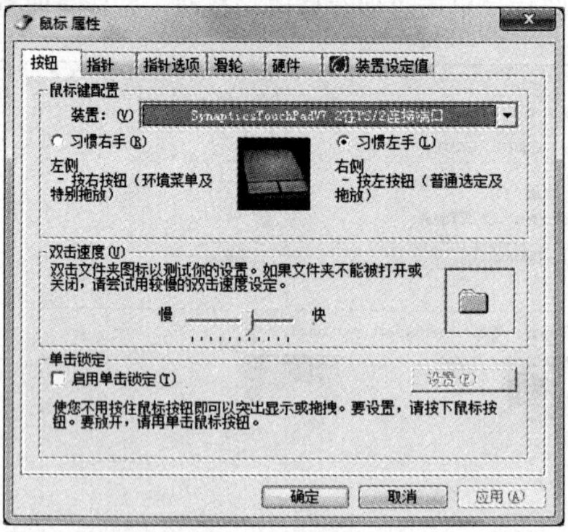

图2-3-10　“鼠标 属性”对话框

七、设置计算机的键盘属性

在控制面板中单击“键盘”，打开“键盘 属性”对话框，如图2-3-11所示。“速度”

选项卡用于设置出现字符重复的延缓时间，重复速度和光标闪烁速度；拖动“字符重复”下的“重复延迟”滑标，可调节键盘输入字符时的重复延迟时间长短，拖动“字符重复”下的“重复速度”滑标，可调节键盘输入字符时重复速度的快慢，拖动“光标闪烁速度”下的滑标，可调节输入栏中光标闪烁速度的快慢。

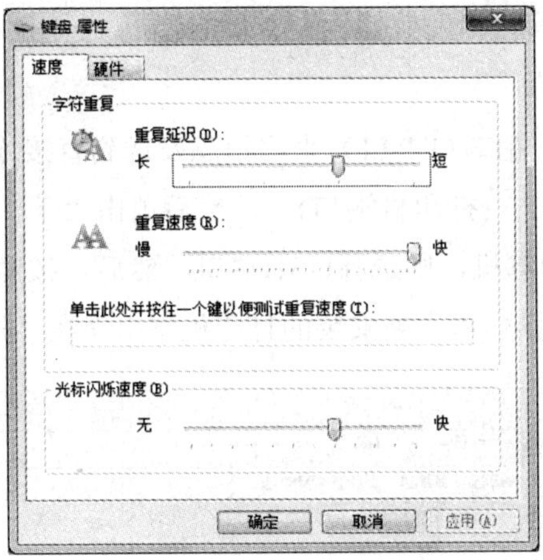

图2-3-11 “键盘 属性”对话框

八、设置日期和时间

单击“日期和时间”，打开“日期和时间”对话框。如图2-3-12所示。在该对话框中，单击“更改日期和时间”按钮，打开“日期和时间”设置对话框，如图2-3-13所示。可通过日期框中的增减按钮调整“年、月”，单击日期调整“日”。可通过时间框中的增减按钮分别调整“时”“分”“秒”。

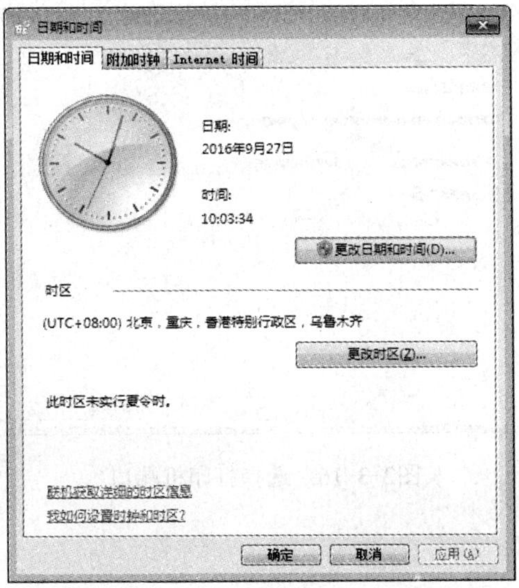

图2-3-12 “日期和时间”对话框

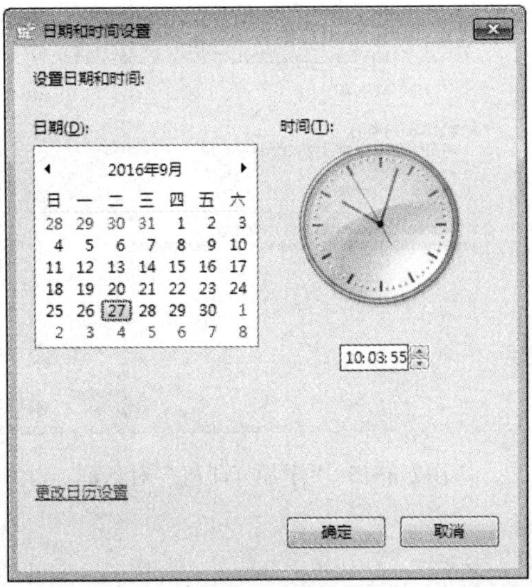

图2-3-13 “日期和时间设置”对话框

九、安装打印机

按照打印机制造商的说明书，将打印机连接到计算机上正确的端口。将打印机电缆插入插座，并打开打印机。在“控制面板”中单击“设备和打印机”图标，打开如图2-3-14所示窗口，单击“添加打印机”打开“添加打印机”对话框，如图2-3-15所示。选择“添加本地打印机”，然后单击“下一步”按钮。选择打印机端口，如图2-3-16所示，之后继续完成打印机的安装。

大多数计算机使用并行端口（LPT1）来将信息发送到直接连接到计算机的打印机。所以在选择端口时，单击“LPT1：(打印机端口)”，然后单击“下一步”按钮，某些打印机可能通过一个USB端口连接到计算机，则选择USB端口。然后，按照“添加打印机”对话框出现的提示一步一步操作。完成操作后，被安装的打印机将出现在“打印机”窗口中。

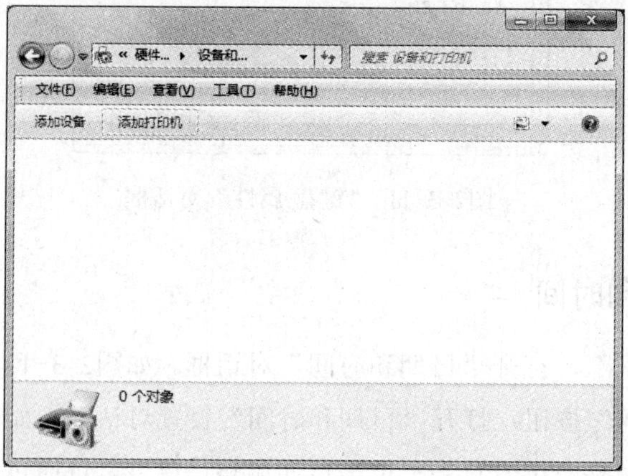

图2-3-14　添加打印机

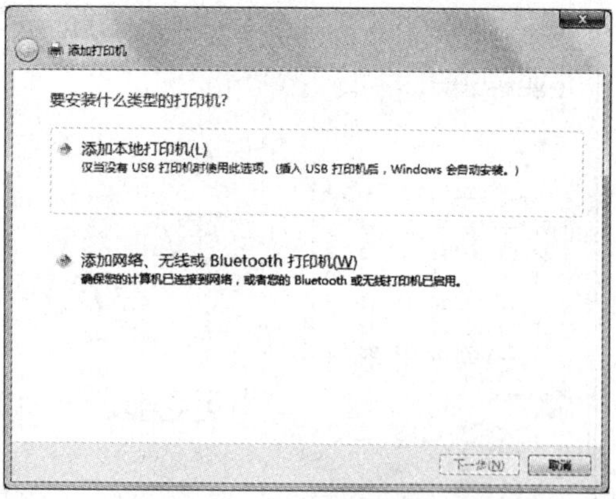

图2-3-15　“添加打印机”对话框

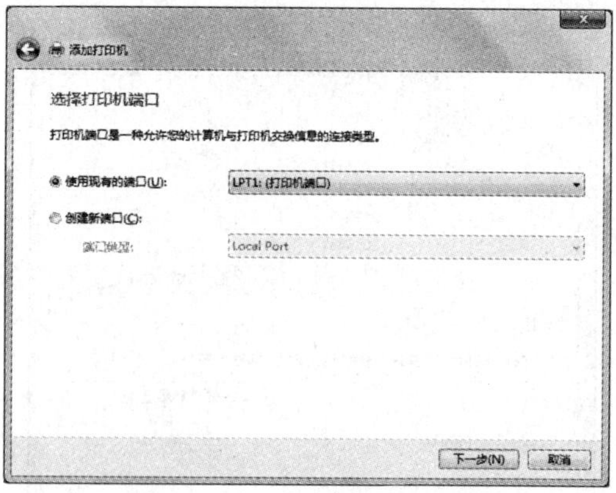

图2-3-16　选择打印机端口

相关知识：控制面板的主要功能

- 系统和安全：查看并更改系统和安全状态，备份并还原文件和系统设置，更新计算机，检查防火墙等。
- 网络和Internet：检查网络状态并更新设置，设置共享文件和计算机的首选项、Internet显示和连接等。
- 硬件和声音：添加或删除打印机及其他硬件，更改系统声音、自动播放CD、节省电源、更新设备驱动程序等。
- 程序：卸载程序或Windows功能、卸载小工具、从网络通过联机获取新程序等。
- 用户账户和家庭安全：更改用户账户设置和密码，并设置家长控制。
- 外观和个性化：更改桌面项目的外观，应用主题或屏幕保护程序，自定义“开始”菜单和任务栏。
- 时钟、语言和区域：修改计算机时间、日期、时区及使用的语言，设置货币、日期、时间的显示方式。
- 轻松访问：为视觉、听觉和移动能力的需要调整计算机设置，并通过声音命令使用语音识别控制计算机。

学习评价

请结合完成的任务，进行下列评价：

评价内容	评价项目	评价内容	自我评价	改进措施
应用控制面板	打开	能快速正确打开控制面板		
	灵活使用	查看方式、搜索、导航等功能的灵活使用		
	桌面背景	能设置需要的桌面背景		
	鼠标、键盘	能根据实际需要自定义设置		
	日期和时间	可设置和调整系统日期时间		
	打印机	会安装打印机		

思考与练习

根据需要灵活设置控制面板。

任务四 绘作《机器猫》图形

学习目标

通过学习本任务，你将能够：

（1）掌握Windows 7自带画图程序的基本功能、常有绘图工具的使用、简单图形的画法。

（2）掌握绘制图形的基本方法，熟悉编辑图形的操作技巧。

任务描述

画图程序是Windows 7自带的一个绘图软件，它除了有很强的图形编辑功能外，还具有一定的文字处理能力，用它可以进行绘制、存储、打印图形等操作。画图程序主要有3种功能：绘图功能、编辑功能和图形文件管理功能。本任务通过画图程序介绍机器猫的制作方法，效果图如图2-4-1所示。

图2-4-1 机器猫效果图

任务分析

要想达到理想的效果，编辑时要注意以下几点：（1）灵活使用铅笔工具自由绘制图形；（2）熟练运用形状工具绘制图形；（3）掌握填充的方法填充图形；（4）文字的输入和编辑、整体设计。

任务实施

一、打开画图程序

选择“开始”→“所有程序”→“附件”→“画图”命令，就可以启动画图程序，如图2-4-2所示。

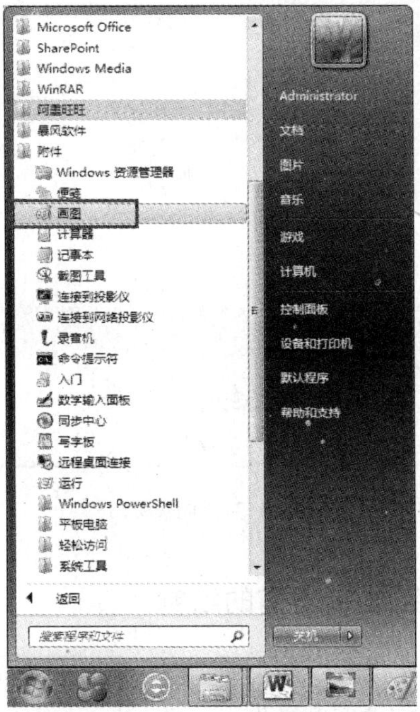

图2-4-2　打开画图程序

相关知识：退出画图程序

- 单击标题栏右侧的“关闭”按钮。
- 单击“画图”按钮，在弹出的下拉列表框中选择“退出”。
- 按【Alt+F4】组合键。
- 双击标题栏左侧的控制按钮。
- 单击标题栏左侧的控制按钮，在弹出的下拉列表框中选择“关闭”。

二、认识画图窗口

“画图”窗口由标题栏、快速访问工具栏、控制按钮、画图按钮、功能区、工作区、画布和状态栏等部分组成，如图2-4-3所示。

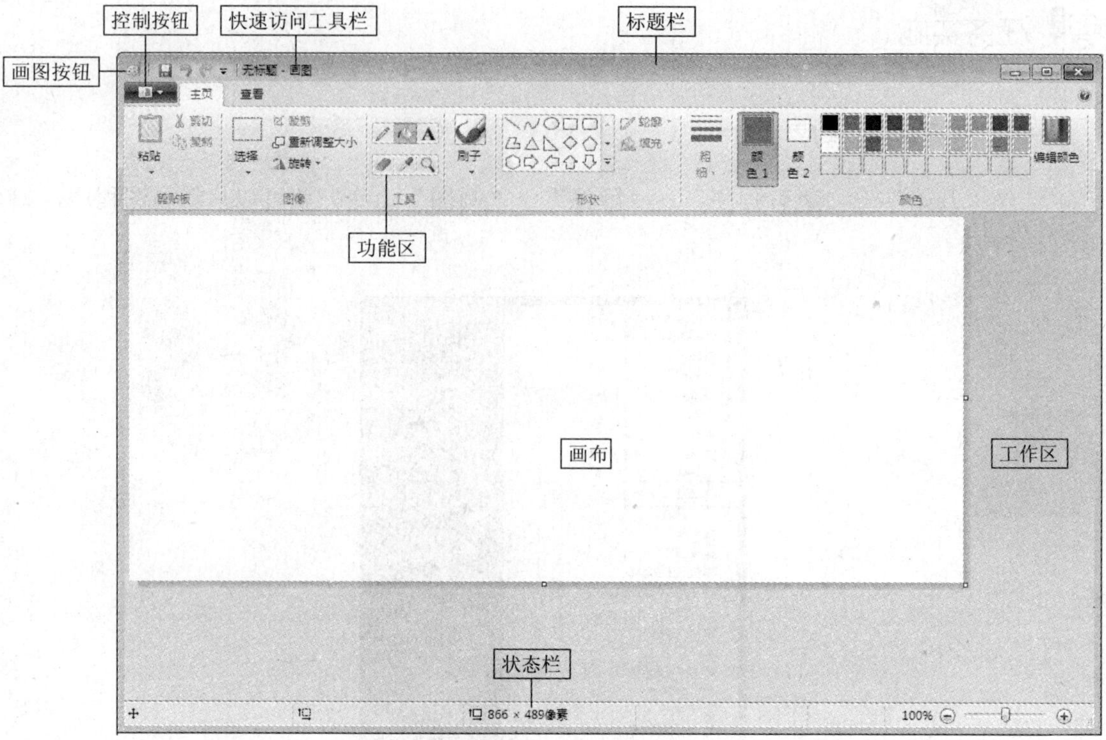

图2-4-3　画图窗口

三、新建图形文件并完成机器猫的绘制

（1）新建一个图形文件。将画布大小调整为640×480像素。可用鼠标直接拖动宽度操作点、高度操作点、任意尺寸操作点调整画布。也可以通过单击“画图”按钮，在弹出的下拉列表框中选择“属性”，打开“映像属性”对话框，如图2-4-4所示。在“宽度”文本框中输入640，在“高度”文本框中输入480，单击“确定”按钮。

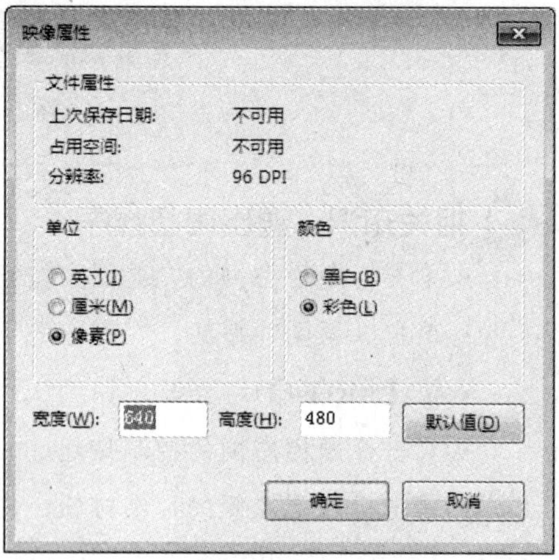

图2-4-4　“映像属性”对话框

（2）在“查看”选项卡的“显示或隐藏”组中，选择“网格线”复选框则会在画布上显示网格线，如图2-4-5所示。

（3）将“颜色1”设置成“黑色”，选择“铅笔”工具，选择“粗细”为5px。画出机器猫头的轮廓和两只眼睛，如图2-4-6所示。

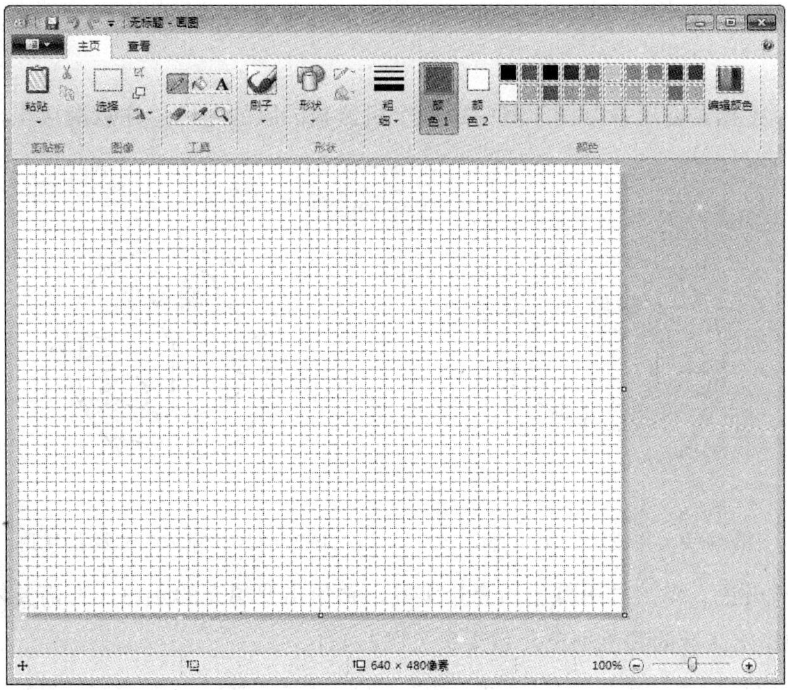

图2-4-5　显示网格线效果

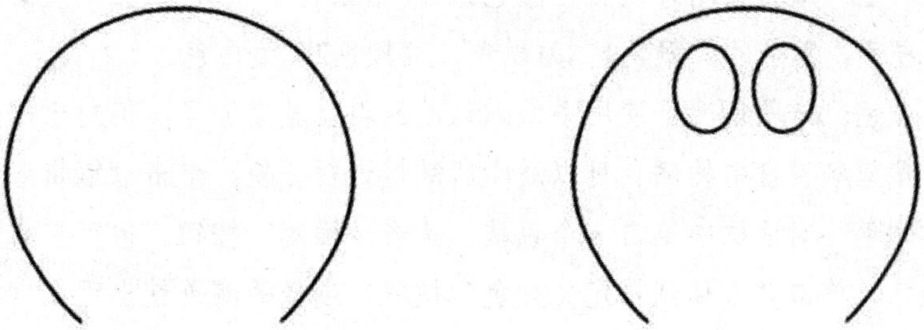

图2-4-6　画轮廓线

（4）选择“椭圆形”工具，在指定位置画出眼睛、眼珠、鼻子，按住【Shift】键不放，可拖动出圆形。画完一只眼睛后可复制粘贴出来另外一只，并调整眼珠位置，如图2-4-7所示。

（5）选择“铅笔”工具，画出脸的内部，注意衔接点，如图2-4-8所示。

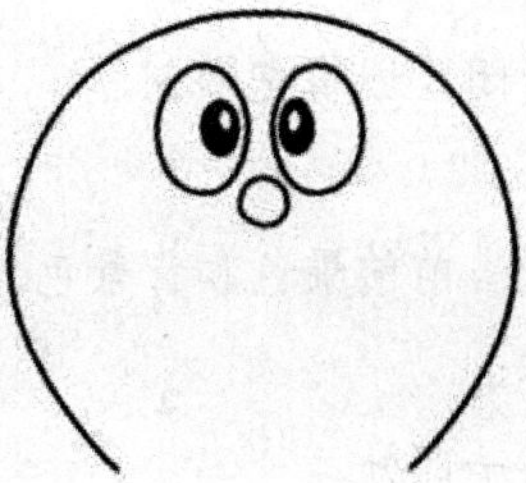

图2-4-7　画眼睛、眼珠、鼻子

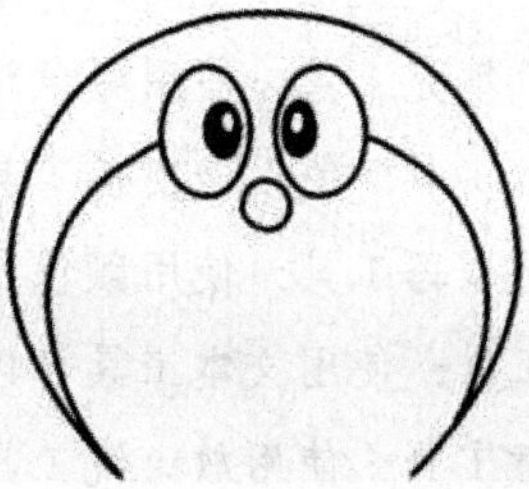

图2-4-8　画脸的内部

（6）选择“直线”工具，画出胡子，并完成其他部分内容，完成脸的上半部分，如图2-4-9所示。

（7）继续根据需要选择画图工具完成整个机器猫的脸的轮廓，注意衔接点，如图2-4-10所示。

图2-4-9　完成脸的上半部分

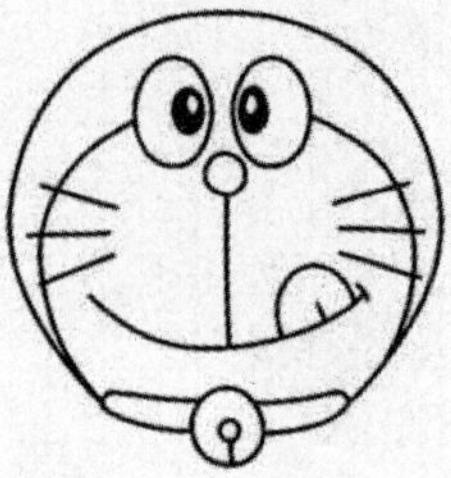

图2-4-10　完成整张脸的轮廓

（8）填充颜色。单击“用颜色填充”工具，再单击要填充的颜色，在需要填充的区域内单击即可完成指定区域的颜色填充，效果参见图2-4-1。

相关知识：选择颜色

- 使用颜料盒：颜料盒用来设置“颜色1”（前景色）和“颜色2”（背景色）。启动画图程序后，默认的“颜色1”为黑色，“颜色2”为白色。
- 自定义颜色：一般情况下使用系统默认的颜料盒就足够了，但对于用户的特殊要求来说，希望颜料盒中的颜色可以随心所欲地进行替换，单击“编辑颜色”按钮，在“编辑颜色”对话框中单击一个色块，单击“确定”按钮。也可在右侧调色板中自己调颜色，单击“添加到自定义颜色”按钮，选择的颜色就出现在“自定义颜色”列表中。

（9）编辑文字。选择“文本”工具，收入文字，设置字体、字号、字形等，完成机器猫的绘制。

相关知识：绘图工具

- 铅笔工具：使用铅笔工具可绘制任意形状的线条。
- 用颜色填充工具：使用颜色填充工具，可以为封闭区域填充颜色。
- 橡皮擦工具：使用橡皮擦工具可以擦除图形。
- 颜色选取器工具：使用颜色选取器工具可以设置当前前景色和背景色。
- 文本工具：使用文本工具可以在图形中输入文本。
- 放大镜工具：使用放大镜工具可以放大图片的某一部分。
- 刷子工具：使用刷子工具可绘制具有不同外观和纹理的线条。

- 直线工具：使用直线工具可绘制直线。
- 曲线工具：使用曲线工具可绘制平滑曲线。
- 多边形工具：使用多边形工具可以绘制具有任意边数的图形。
- 绘制其他形状：其他形状除了传统的矩形、椭圆、三角形和箭头之外，还包括一些有趣的特殊形状，如心形、闪电形或标注等。

学习评价

请结合完成作品，进行下列评价：

评价内容	评价项目	评价内容	自我评价	改进措施
制作《机器猫》	文字	输入、字体、字号、字形等		
	形状工具的使用	熟练画图，及配合【Shift】键的使用		
	铅笔的使用	自由画图技巧掌握		
	填充颜色	恰当填充适当颜色		
	绘画中的技巧	灵活使用技巧，很好绘制图形		

思考与练习

绘制一张小黄人，充分发挥自己的想象力。

任务五　处理《机器猫》音频

学习目标

通过学习本任务，你将能够：

（1）熟悉音频处理软件的操作界面、常用功能及特点；

（2）掌握编辑处理音频的基本操作；

（3）导入素材文件、对素材文件进行修剪、添加转场效果和其他效果的设置；

（4）会转换音频文件的格式；

（5）培养发现与欣赏生活中美的能力，提高创新的意识和能力。

任务描述

在生活工作中很多地方都会用到音乐，该怎样编辑音乐呢？在制作多媒体作品时也需要编辑和处理音频文件，应该怎样操作呢？下面就学习对音频文件进行截取、合成和编辑处理的方法。

任务分析

要想达到理想的效果，编辑时要注意以下几点：（1）学会利用工具软件改变音频文件的类型；（2）能够根据需要截取音频文件中想要的内容；（3）可以将音频文件根据所需进行适当的合成、加工处理。

任务实施

一、认识锐动天地软件

锐动公司利用在视频领域深厚的技术积累，以SDK方式为开发者提供整套视频应用接口，并一站式打通SaaS云服务；帮助开发者降低研发门槛和投入，高效地完成视频在其应用体系中的嵌入，快速构建流畅、安全、稳定的网络视频应用体系，同时根据业务流量随时调整费用，预测成本。终端提供：视频录制、直播、编辑、剪辑、特效转码等应用层服务；后台提供：云存储、云转码、播放器、CDN加速、平台管理、数据统计等一系列云端服务；轻松实现：视频直播、点播、编辑分享。这套软件下有光盘刻录大师、视频编辑专家、视频转换专家、游戏录制专家、超级录屏、影视光盘制作专家、CD/DVD复制专家、音频转换专家、音频编辑专家、文件夹隐藏助手十款软件，下面重点介绍其中的音频编辑专家软件，主界面如图2-5-1所示。

图2-5-1 “音频编辑专家”主界面

二、音乐格式转换

单击主界面中的“音乐格式转换”按钮，进入“音乐格式转换”界面，导入音频文件，选择希望转换成的音频格式，设置转换格式后文件和输出路径，单击“开始”，待完成后文件转换成功。

三、音乐分割

单击主界面中的“音乐分割”按钮，进入“音乐分割”界面，如图2-5-2所示。单击“添加文件”按钮，添加要进行音乐分割的音频文件，查看音频信息，单击“保存路径”后的文件夹图标设置分割后的音频文件保存的路径，设置后的效果如图2-5-3所示。之后单击“下一步”按钮，设置分割内容，可自动平均分割，也可手动分割。如果手动分割，可通过屏幕下方的设置分割点和取消分割点等按钮来设置分割的具体位置，如图2-5-4所示。之后单击“下一步”按钮，开始分割音频文件，待分割成功弹出提醒对话框，如图2-5-5所示。这时原来的音频文件已经按照设置分割成了若干个独立的音频文件，但要注意的是原始音频文件是不变的，只是又新生成了分割的音频文件。在“分割结果”提醒对话框中单击“确定”按钮，返回“音乐分割”窗口，单击“打开输出文件夹”按钮，可打开输出的分割文件所在的文件夹，来查看分割后的文件。

图2-5-2 “音乐分割”界面

图2-5-3　设置添加文件和保存路径的“音乐分割”界面

图2-5-4　设置分割时间

图2-5-5　分割成功

四、音乐截取

在“音频编辑专家”主界面单击“音乐截取”按钮，打开“音乐截取”界面，如图2-5-6所示。单击“添加文件”按钮添加音频文件，单击“保存路径”后的文件夹设置保存的路径及截取后的音频文件名，通过鼠标拖动起始位置和结束位置滑块来确定截取的起止点或通过时间的设置来确定起止点。设置好后如图2-5-7所示。单击“截取”按钮，开始音频截取，截取完毕弹出“截取结果”提示对话框，单击“确定”按钮，如图2-5-8所示。截取音频是在现有音频中截取一段自己需要的音频，重新生成一个新的音频文件。

图2-5-6　“音乐截取”界面

图2-5-7　设置后的“音乐截取”界面

图2-5-8　音频截取成功

五、音乐合并

在“音频编辑专家”主界面单击“音乐合并”按钮，打开“音乐合并”界面，如图2-5-9所示。添加要合并的音频文件，调整音频文件合并后的顺序，选择输出音频文件的格式，设置保存路径及输出文件名，如图2-5-10所示。单击“开始合并”按钮即可开始音频文件的合并操作。

图2-5-9 “音乐合并”界面

图2-5-10 设置完的“音乐合并”界面

六、MP3音量调节

有些音乐文件音量比所需要的过大或过小，通过“MP3音量调节”功能可根据需要对音量进行调节后重新生成音频文件，如图2-5-11所示。

图2-5-11 “MP3音量调节”界面

学习评价

请结合完成的任务，进行下列评价：

评价内容	评价项目	评价内容	自我评价	改进措施
处理《机器猫音频》	格式转换	熟练进行各文件格式的音频转换		
	音乐分割	能根据需要进行音乐分割		
	音乐截取	能根据所需对音频进行截取		
	音乐合并	熟练进行音频文件合并操作		
	MP3音量调节	会根据需要调节音量		

思考与练习

练习编辑音频文件《蓝精灵》。

3 单元三 幼儿园常用文档制作

随着信息化在各领域的强势深入，无纸化办公和教育信息化的应用能力已经成为现今幼儿教师必须掌握的基本技能。在幼儿园中，幼儿教师要经常编辑的文档包括：教案、教学计划、工作总结、课程表、学生信息表等。在幼儿园的环创设计中，也可以用计算机软件设计的板报代替手写。电子设计的文档优势有：可随时更改调整、网络素材资源丰富、可随时输出且不受份数限制……本单元将学习微软公司出品的文档编辑软件Microsoft Office Word 2010。

任务一 《幼儿园年度工作总结》的制作

学习目标

通过学习本任务，你将能够：

（1）通过工作总结的制作，熟悉Word 2010基本工作界面；

（2）熟练掌握页面设置、字体设置、段落设置、页眉页脚插入、首字下沉设置等操作。

任务描述

幼儿园中，常用的文档有：工作计划、工作总结、教案、说课稿、教学反思等。本任务以工作总结为例，来学习最基本的Word应用操作，样文如图3-1-1所示。

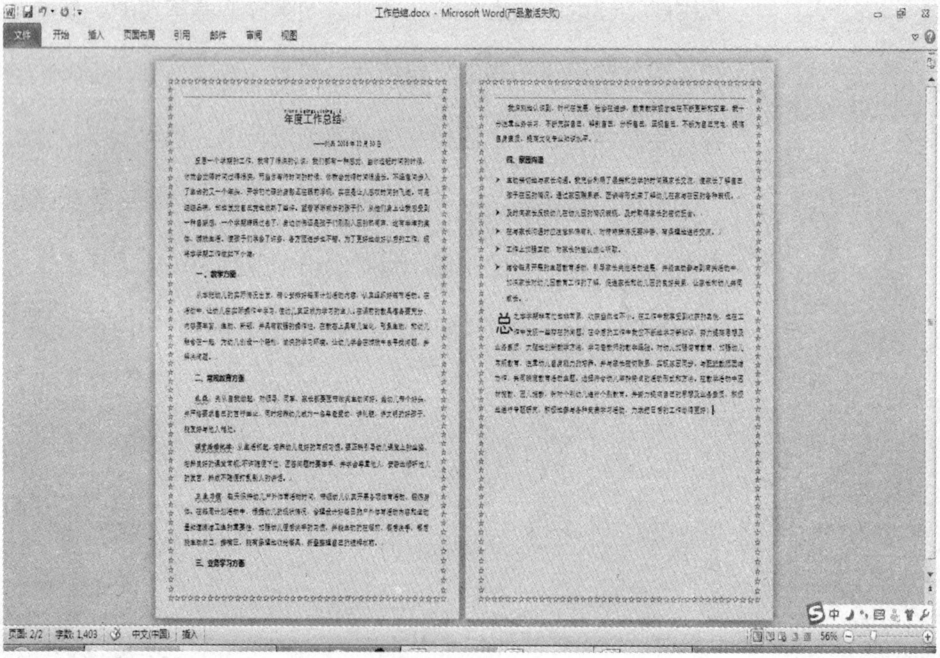

图3-1-1 《幼儿园年度工作总结》样文

任务分析

要想达到理想的效果，编辑时要注意以下几点：（1）适当的字体格式设置决定了文档是否能够恰如其分地展现文字内容，包括字体、字形、字号、拼音、文本效果等；（2）合理的段落格式是文档是否美观的最基本设置，包括首行缩进、段间距、行间距、项目符号等；（3）页面布局的设置直接决定了文档是否符合打印、装订规格。同时，Word也提供主题、页面背景等设置项，用以美化修饰文档。

任务实施

一、录入文字

在桌面上找到图标，双击此图标运行Word 2010。也选择“开始”→“所有程序”→Microsoft Word 2010命令运行程序。进入软件后录入文字内容，如图3-1-2所示。Word 2010中默认汉字字体为宋体，五号。

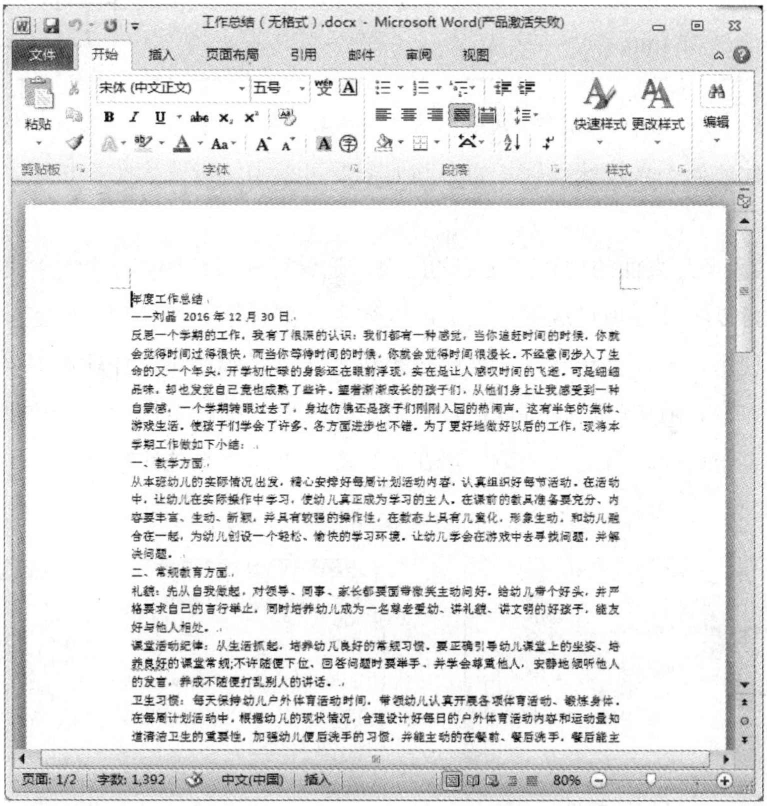

图3-1-2　录入文字

二、页面设置

Word 2010用选项卡的形式取代传统的菜单式的操作方法，即实现了命令的归类，又以图标的形式形象地表现出来，方便了用户的使用。单击“页面布局”选项卡，做最基本的纸张设置，如图3-1-3所示。

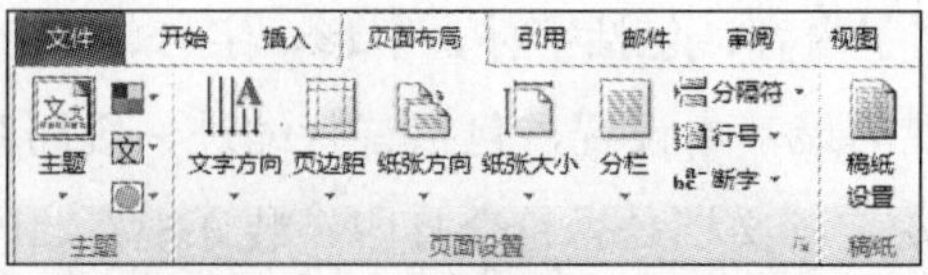

图3-1-3 “页面布局”选项卡

相关知识：常用纸张大小

A4 210mm × 297mm

B5 176mm × 250mm

16开 260mm × 184mm

8开 368mm × 260mm

4开390mm × 540mm

A3 297mm × 420mm

B4 257mm × 364mm

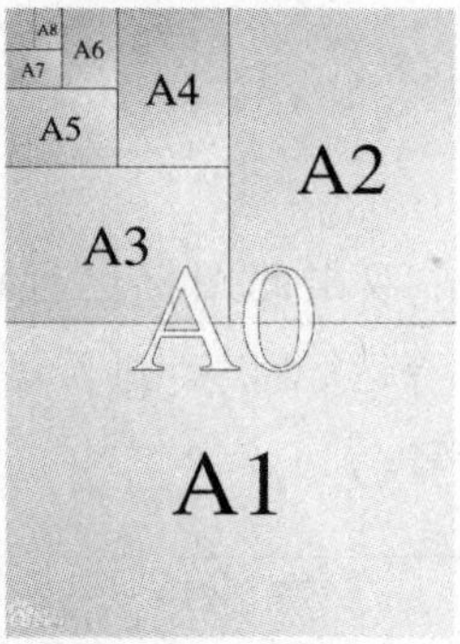

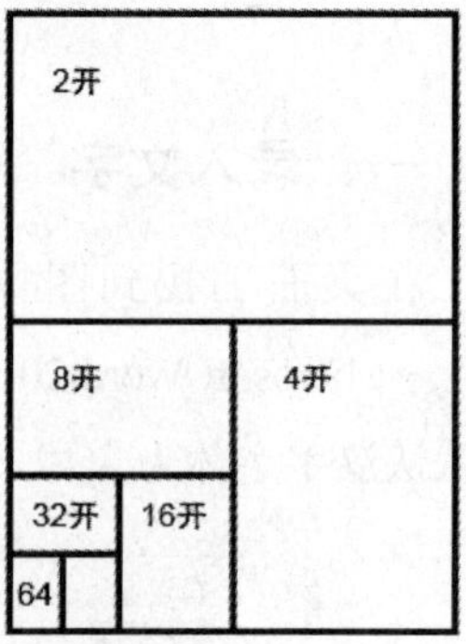

（1）纸张大小：Word 2010默认纸张大小为A4，此种纸张也为一般存档性文件所使用的纸张大小，因此此处不做特殊设置，如有其他需要可单击“纸张大小”按钮，在下拉菜单中选择合适的纸张大小。

（2）页边距：是页面的边线到文字的距离。通常可在页边距内部的可打印区域中插入文字和图形，也可以将某些项目放置在页边距区域中（如页眉、页脚和页码等）。年度总结多作为电子存档使用，不需打印装订，因此无须设置装订线等，可选择软件提供的各种页边距格式，如普通、窄、适中等，也可自行设置页边距尺寸。操作方法如下：单击“页边距”按钮，在下拉菜单中选择“自定义边距”，在打开对话框的“页边距”选项卡中设置上下左右页边距均为2厘米，如图3-1-4所示。

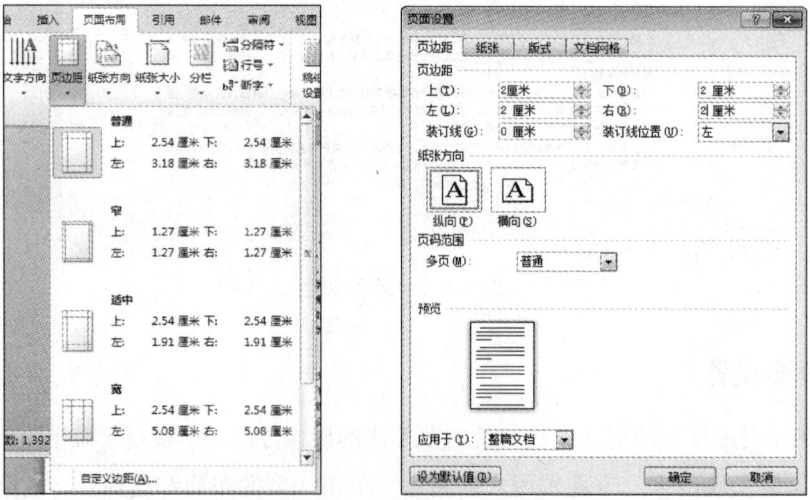

图3-1-4 设置页边距

三、字体设置

选择文字：在对对象进行设置之前首先要选中要设置的对象。在各版本Word中，对于文本的选择有一系列便捷的操作。在页面的左边距内，光标与其他位置中的指向箭头正好相反，为由左下指向右上的箭头，此区域称作左侧选定区。在左侧选定区单击，可选中光标对应右侧的一行文字；双击，可选中对应右侧的一段文字；三击，可选中整篇文档。此处，先将整篇文档设置成大部分文字的字体格式，再做局部设置。

（1）在左侧选定区三击选中整篇文档，单击“开始”选项卡，在“字体”区域中选择宋体，小四号字。

（2）选中标题“年度工作总结”设置为黑体小二号字，单击wén字为文字加注拼音。此操作在幼儿园教案、课件制作中十分常用。在“拼音指南”对话框中检查各项目是否正确，是否需要设置偏移量及字体字号，无误后单击“确定”按钮。“拼音指南”对话框如图3-1-5所示。

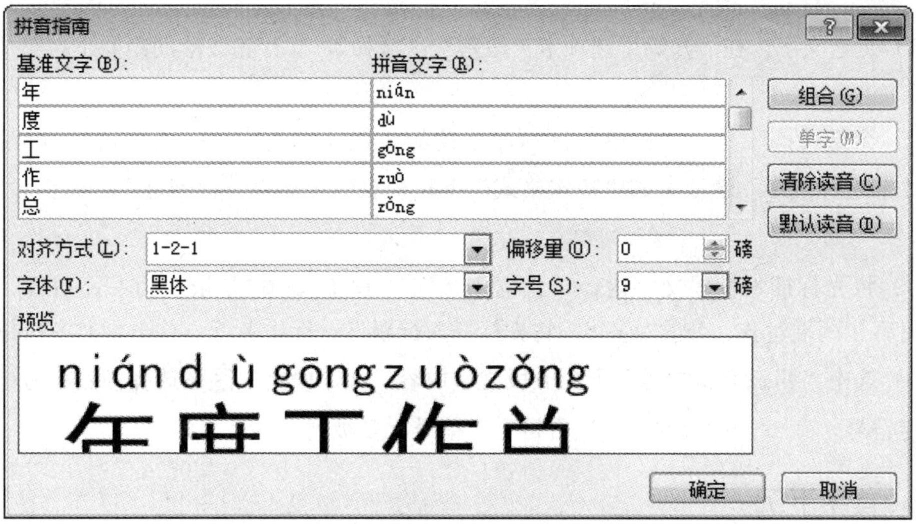

图3-1-5 “拼音指南”对话框

（3）按住【Ctrl】键，用鼠标选取正文中的4个小标题，同时进行设置：字体幼圆，字形加粗（**B** *I* U abc X_2 X^2，依次为：加粗、倾斜、下画线、删除线、下标、上标）。图标A为文本效果，下拉菜单中包含20种艺术字样式、轮廓、阴影、映像、发光等，如图3-1-6所示。文本效果的使用可以让你的文档更生动丰富，设计感十足。此处将各标题设置为发光—金色，11 pt。

（4）选中标题“二、常规教育方面”下三方面的标题性文字。在A（字体颜色）下拉菜单中选择标准色“深红”；在下画线下拉菜单中选择波浪线，并设置下画线颜色为标准色“紫色”；字体设置为楷体、加粗。

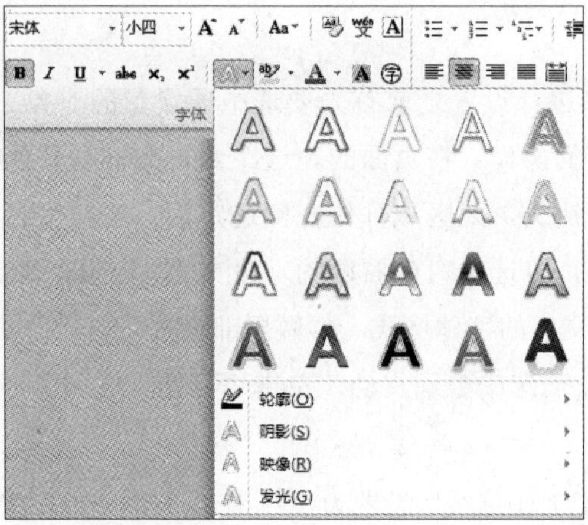

图3-1-6 “文字效果”下拉菜单

四、段落设置

（1）全选文字，在“开始”选项卡“段落”区域如（行和段落间距）下拉菜单中选择“1.5”。

（2）全选状态下单击“段落”区域右下角的按钮（见图3-1-7），打开“段落”对话框。在“缩进和间距”选项卡的“特殊格式”下拉列表中选择“首行缩进”，磅值设置为“2字符”。

（3）将光标插入标题文字内，单击居中按钮（依次为：左对齐、居中对齐、右对齐、两端对齐、分散对齐）。将光标插入标题下一行作者行，单击右对齐按钮。

（4）选中“四、家园沟通”下面五段文字内容，在“段落”区域选择项目符号下拉菜单中的指定符号（依次为：项目符号、编号、多级列表）。

五、首字下沉

将光标插入到最后一段中任意位置。在“插入”选项卡中单击首字下沉按钮，选择“首字下沉选项”命令，打开“首字下沉”对话框，如图3-1-8所示，“位置”设置为“下沉”，字体设置为“黑体”，下沉行数设置为“2”，单击“确定”按钮。

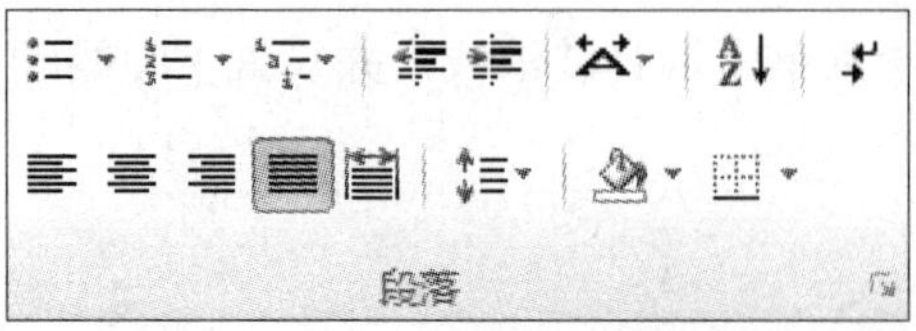

图3-1-7 “段落”区域

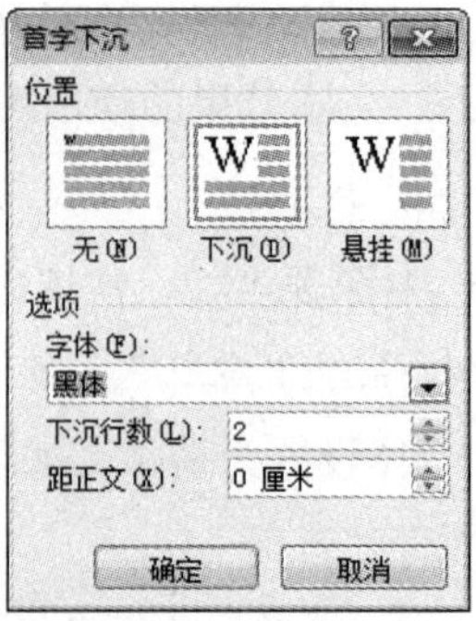

图3-1-8 “首字下沉”对话框

六、页眉页脚

页眉和页脚通常用于显示文档的附加信息，常用来插入时间、日期、页码、单位名称、徽标等。其中，页眉在页面的顶部，页脚在页面的底部。通常页眉也可以添加文档注释等内容。页眉和页脚也用作提示信息，特别是其中插入的页码，通过这种方式能够快速定位所要查找的页面。

选择“插入”选项卡“页码”下拉菜单→页面底端→普通数字2，即可为每页文档插入自动编号的居中页码。设置完成后单击“关闭页眉和页脚”按钮。

七、页面背景

（1）选择“页面布局”选项卡，单击“页面边框”按钮，打开“边框和底纹”对话框的“页面边框”选项卡，如图3-1-9所示。在“艺术型”下拉菜单中选择星星图案，并单击“确定”按钮。

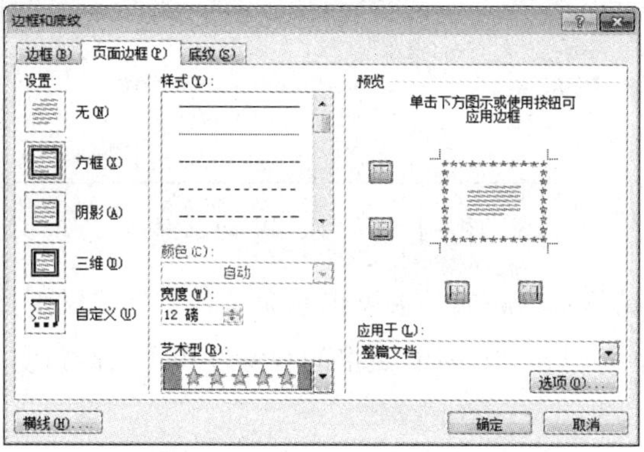

图3-1-9 “页面边框”选项卡

（2）选择“页面颜色”下拉菜单中的“填充效果”命令，打开“填充效果”对话框，选择“图案”选项卡，如图3-1-10所示。分别选择前景色、背景色及图案样式，单击“确定”按钮，完成页面背景的设置。

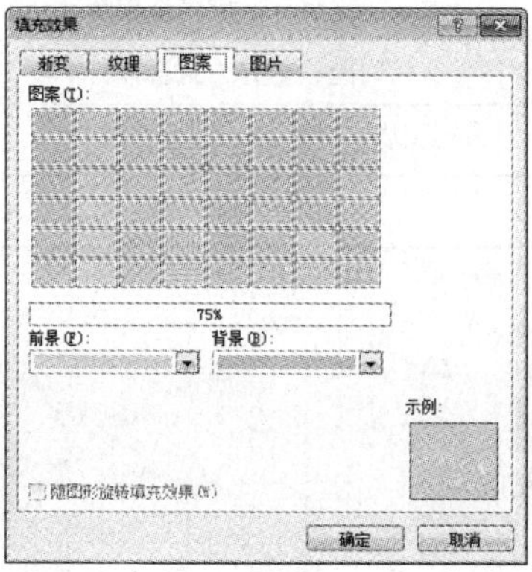

图3-1-10 “填充效果”对话框

(3) 水印，是指在造纸过程中形成的，“夹”在纸中而不是在纸的表面，迎光透视时可以清晰看到有明暗纹理的图形、人像或文字，它是纸张在生产过程中用改变纸浆纤维密度的方法而制成的。通常人民币、购物卷、粮票、证券等，都采用此方式，以防止造假。Word中可以插入水印效果，以达到防伪的效果。

“页面布局”选项卡中，单击“水印”下拉按钮，选择“自定义水印”命令。在打开的“水印”对话框中，可以设置图片水印，也可以设置文字水印，如图3-1-11所示。选择“文字水印”单选按钮，文字处输入“年度总结”；颜色设置为标准色“绿色”，并单击“确定”按钮。

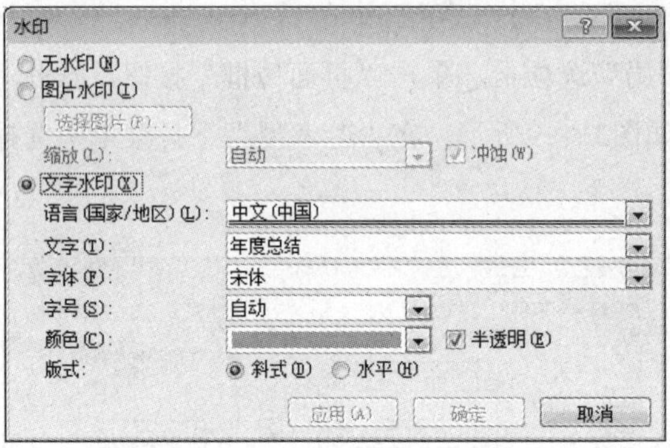

图3-1-11 “水印”对话框

至此，年度工作总结就编辑完成，大家也掌握了各种格式设置技巧。在将来的练习和应用中合理应用各种技巧，可以让文档具有更多的观赏性和实用性。

学习评价

请结合完成的任务，进行下列评价：

评价内容	评价项目	评价内容	自我评价	改进措施
制作《幼儿园年度工作总结》	页面设置	纸张大小选用合理		
	字体设置	标题、正文字体、字号选用合理		
	段落设置	行间距、对齐方式合理		
	页眉页脚	页眉页脚位置、大小合理		
	整体布局	页面设计布局美观		

思考与练习

选取一个知识点，设计一份说课稿。

任务二 《中班学生信息统计表》的制作

学习目标

通过学习本任务，你将能够：

（1）通过学生信息统计表的制作，掌握Word中表格的插入方法，会灵活进行单元格的各种操作，以及边框和底纹的设置；

（2）了解幼儿园中学生信息统计表的项目，以及每个项目对幼儿教师工作的指导意义。

任务描述

学生信息统计表是学生入园时必须填写的资料，其中的项目如幼儿的健康状况、过敏史、性格特点等都是幼儿教师必须要熟记在心的，这个表格至关重要，因此，表格的设计要合理，修饰要得当，样表如图3-2-1所示。

中班学生信息统计表

学生姓名		性别		民族		出生日期	
原幼儿园				需入托班级		学生兄弟姐妹情况	
学生健康状况	□健康 □一般 □较差			疾病及过敏史			
学生饮食习惯	□偏食 □良好		饮食喜好		饮食禁忌		
学生出生情况	□早产 □顺产 □剖腹产			学生性格	□内向 □活泼 □多动 □自闭		
学生由谁带养				学生是否接受过亲子教育			
父亲姓名		年龄		工作单位		联系电话	
母亲姓名		年龄		工作单位		联系电话	
监护人姓名		年龄		工作单位		联系电话	
现居住地							
您对幼儿园的特殊需求							

图3-2-1 《中班学生信息统计表》样文

任务分析

要想达到理想的效果，编辑时要注意以下几点：（1）初建表格时对整体的行列数量的设计要尽量准确，单元格要多合并少拆分；（2）边框和底纹的合理设置会使表格更有层次感，表达更形象。

任务实施

一、新建文档

右击桌面空白处，在弹出的快捷菜单中选择“新建”→“Microsoft Word文档”，在重命名状态输入文件名。此处，能够看到Word 2010文档的扩展名为“.docx”。

二、页面布局设置

选择页面布局选项卡设置纸张大小为“A4”，纸张方向为“横向”，页边距选择“适中”。文档首行输入标题“中班学生信息统计表”，格式为：黑体、小二号字，文本效果：“阴影—透视—左上对角透视”，居中对齐。

三、插入表格

根据项目内容设计表格，明确行列数量。按【Enter】键进入下一行，单击“插入”选项卡，选择表格下拉菜单中的“插入表格”命令。在打开的“插入表格”对话框中设置表格尺寸为8列11行，如图3-2-2所示。

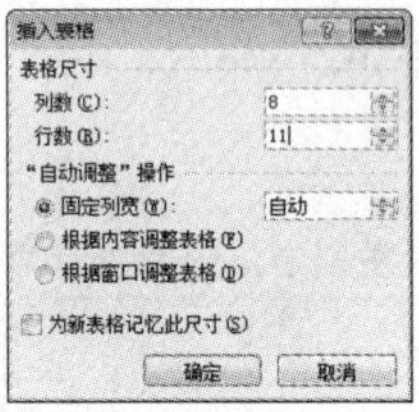

图3-2-2 “插入表格”对话框

四、合并单元格

根据样文将需要合并的单元格合并。操作方法：选择要合并的连续单元格，右击选择“合并单元格”命令，或者直接单击表格工具栏中的“布局”→“合并单元格”按钮，如图3-2-3所示。

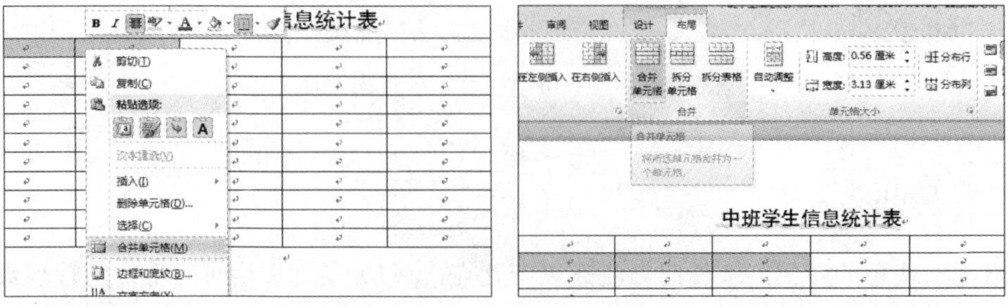

（a）方法一　　（b）方法二

图3-2-3　合并单元格的两种方法

五、调整表格大小

录入文字内容后，根据内容调整表格大小。文字属性为：幼圆、5号字，单元格对齐方式为：中部两端对齐。然后，调整整个表格大小：光标在表格区域内时，表格的右下角会出现一个小的正方形，光标放在其上，会变成一个双向的箭头，拖动该箭头至文档编辑区域的右下角，使表格充满页面。根据文字内容，手动拖动表格中的竖线，调整表格列宽。

六、边框和底纹

将光标插入表格中的任一单元格，在表格的左上角会出现一个图标，为全选表格按钮，单击此按钮全选表格，随即会出现“表格工具”栏，如图3-2-4所示。

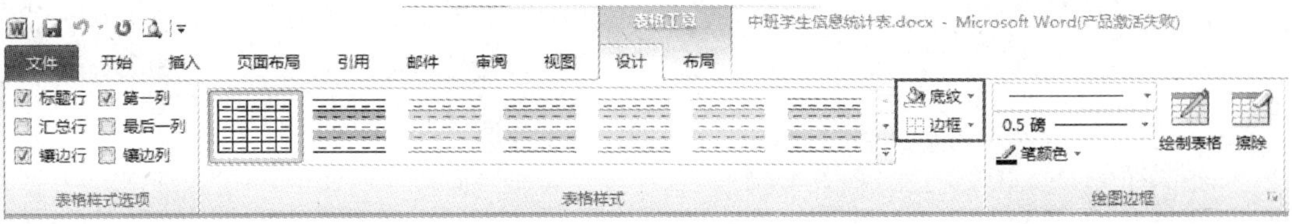

图3-2-4　表格工具栏

单击边框下拉菜单，选择“边框和底纹”命令，打开“边框和底纹”对话框，如图3-2-5所示。

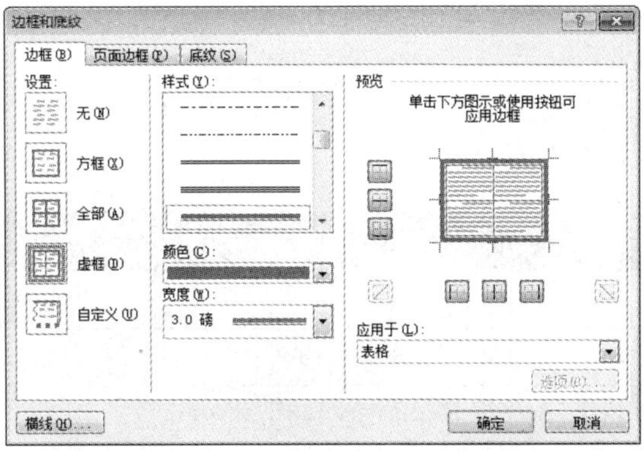

图3-2-5　“边框和底纹”对话框

其中，“方框”指仅有外边框，不显示内部线条；“全部”指所有线条一致；“虚框”指外部框线可在样式中选择，内部为同色细实线；“自定义”指表格内每一条框线均可以单独进行设置。另外，边框的颜色及宽度均可以在此处设置。此处选择“虚框、外宽内窄双线、标准色蓝色、3磅”。设置完成后，单击“确定”按钮。

借助【Ctrl】键选择所有项目名称所在的单元格，在底纹下拉菜单中选择“蓝色，强调文本颜色1，淡色80%”，如图3-2-6所示。

至此，《中班学生信息统计表》就编辑完成。幼儿园中常用的表格还有课程表、值日表等，请课下练习制作。

图3-2-6　设置底纹颜色

学习评价

请结合完成的任务，进行下列评价：

评价内容	评价项目	评价内容	自我评价	改进措施
制作《中班学生信息统计表》	插入表格	表格设计合理		
	合并单元格	合并单元格恰当、大小合理		
	边框底纹	背景、边框设计合理		
	整体布局	页面设计布局美观		

思考与练习

设计一张幼儿园课程表。

任务三 《幼儿急救知识》板报制作

学习目标

通过学习本任务，你将能够：

熟练掌握Word 2010中艺术字、图片、文本框、自选图形等插入对象的设计及合理应用方法。

任务描述

板报是幼儿园常用的一种宣传载体。版面设计要合理有序，多种插入对象的混合排版能使整个板报丰富生动。样文如图3-3-1所示。

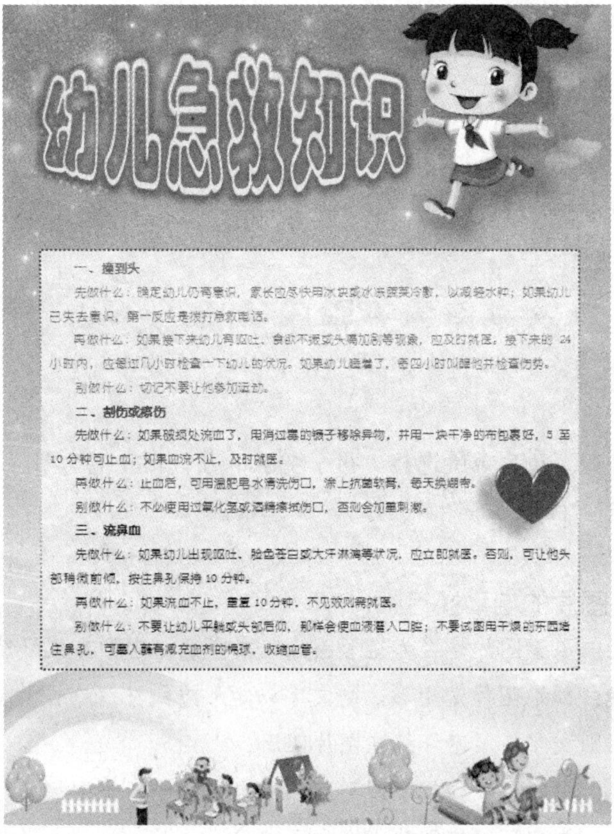

图3-3-1 《幼儿急救知识》样文

任务分析

要想达到理想的效果，编辑时要注意以下几点：（1）插入的图片要设计好文字环绕方式以及图片版式、效果等，使图片更有设计感；（2）自选图形的设计要多使用边框和背景的变化；（3）标题等要多使用艺术字的形式，丰富文字的形状、颜色和效果。

任务实施

（1）选择“插入”选项卡中的“插图”功能组，单击“图片”按钮，选择文件，单击“插入”按钮。

相关知识：常用图片格式

- BMP：Windows 位图，与现有Windows 程序广泛兼容，但不支持压缩，文件占用存储空间较大。
- GIF：图像互换格式，压缩率一般在50%左右，可构成简单动画。
- JPEG：Joint Photographic Experts Group（联合图像专家组）的缩写，文件扩展名为“.jpg”或“.jpeg”，是最常用的图像文件格式，可变的压缩比可以控制文件大小。
- PNG：可移植网络图形，支持高级别无损耗压缩，支持 alpha 通道透明度。
- WMF：Windows 图元文件，可以同时包含矢量信息和位图信息，是 Windows 标准格式，可很好地在 Office 中使用。

（2）出现“图片工具-格式”选项卡，如图3-3-2所示。

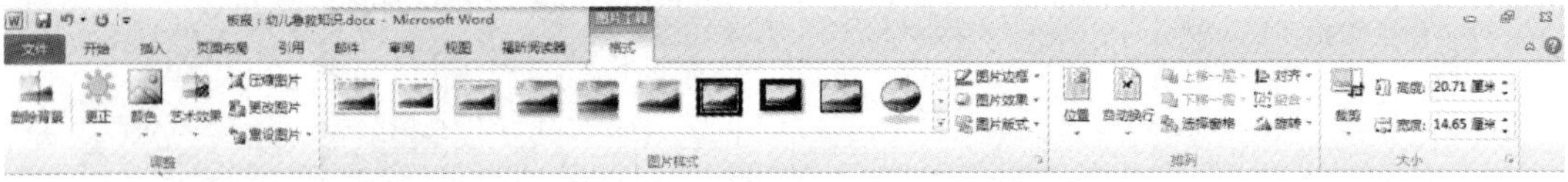

图3-3-2 “图片工具-格式”选项卡

（3）在自动换行下拉菜单中选择“衬于文字下方”，并拖动图片4个顶点处的控制点，使图片充满整页文档，作为背景图片。

相关知识：图片的自动换行

- 四周型环绕：不管图片是否为矩形图片，文字都以矩形方式环绕在图片四周。
- 紧密型环绕：如果图片是矩形，则文字以矩形方式环绕在图片周围；如果图片是不规则图形，则文字将紧密环绕在图片四周。
- 穿越型环绕：文字可以穿越不规则图片的空白区域环绕图片。
- 上下型环绕：文字环绕在图片上方和下方。

- 衬于文字下方：图片在下、文字在上分为两层，文字将覆盖图片。
- 浮于文字上方：图片在上、文字在下分为两层，图片将覆盖文字；
- 编辑环绕顶点：用户可以编辑文字环绕区域的顶点，实现更个性化的环绕效果。

（4）单击“插入”选项卡“文本”功能区中的“艺术字”（见图3-3-3），选择艺术字样式，输入文字“幼儿急救知识”。选中艺术字的状态下，在“绘图工具-格式”选项卡中设置艺术字的形状填充、形状轮廓、形状效果、文字填充、文字轮廓、文字效果等。

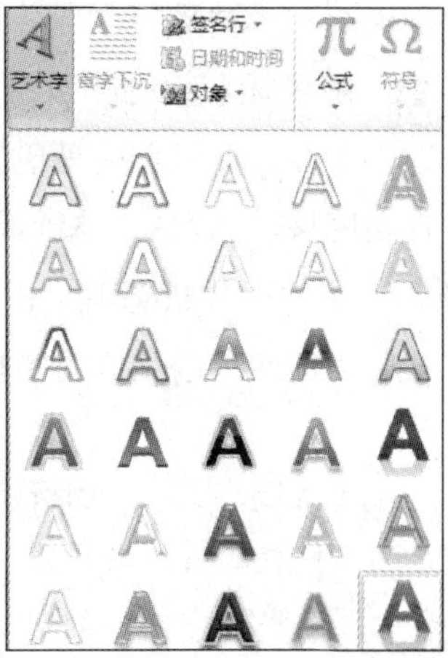

图3-3-3　艺术字下拉菜单

（5）单击“插入”选项卡“文本”功能区中“文本框”按钮，选择“简单文本框”。录入文字，设置字体为幼圆、小四号字、标题加粗，每段文字可根据配色方案设置不同颜色。选中文本框状态下，在“绘图工具-格式”选项卡中设置各相关属性。其中，形状填充选择“纹理”→“羊皮纸”；形状轮廓设置为圆点、渐变色、2.25磅。

相关知识：填充效果设置

Word 2010中对文本框、图片、艺术字、自选图形等插入对象提供了繁多的填充形式，如图3-3-4所示。

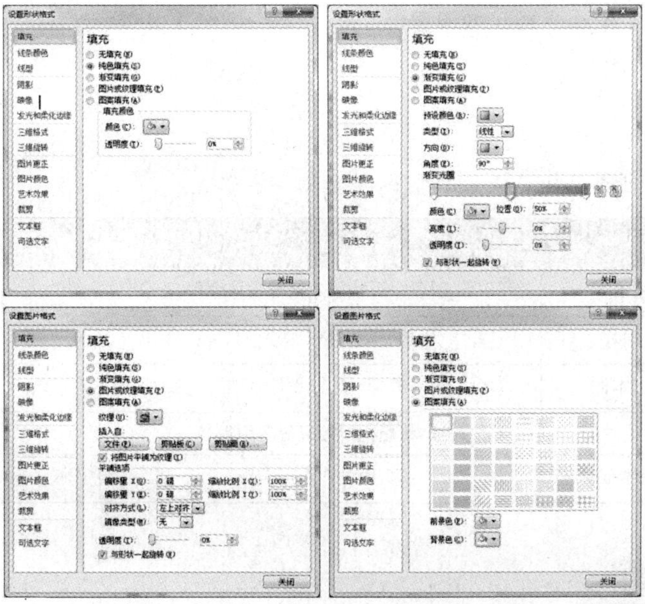

图3-3-4　填充形式

（6）单击“开始”选项卡“编辑”功能区中的“替换”，查找内容为“孩子”，替换为“幼儿”，单击“全部替换”按钮。

（7）插入图片“齐齐”，设置自动换行为四周型环绕。选中图片状态下，在“图片工具-格式”选项卡中，选择“调整”功能组中的“删除背景”命令。使用“标记要保留的区域”命令，用鼠标左键拖出要保留的区域，选择完成后单击“保留更改”命令。此操作中粉色区域为删除区域，图片原始颜色区域为保留区域，如图3-3-5所示。

图3-3-5　删除背景选择区域

选中图片状态下，在“图片工具-格式”选项卡的“图片样式”功能组中尝试应用多种样式、边框、效果等。为“齐齐”设置“发光”效果。

相关知识：图片的一些属性

- 透明度：就是指一张图片的透明和半透明程度。
- 亮度：图片的明暗程度。
- 对比度：一幅图像中明暗区域最亮的白和最暗的黑之间不同亮度层级的测量，即指一幅图像灰度反差的大小。
- 饱和度：指色彩的纯度。纯度越高，表现越鲜明；纯度越低，表现则越黯淡。

（8）在文本空白处插入自选图形中的心形。在“插入”选项卡“插图”功能区的“形状”下拉菜单中找到心形，单击插入。选中自选图形状态下，在“绘图工具-格式”选项卡中设置形状填充、形状轮廓、形状效果等。

学习评价

请结合完成的任务，进行下列评价：

评价内容	评价项目	评价内容	自我评价	改进措施
制作板报《幼儿急救知识》	艺术字	颜色、形状、效果等设计合理		
	图片	背景删除完整、图片无缺损		
	文本框	背景、边框设计合理		
	自选图形	形状填充、效果等应用得当		
	整体布局	页面设计布局美观		

思考与练习

设计一张以六一儿童节为主题的板报，充分发挥自己的想象力。

单元四

电子表格处理软件Excel 2010

作为微软Office家族的重要组件之一，Excel可以做的事非常多，功能也非常强大。它的基本功能是对数据进行记录、计算与分析。在实际应用中，Excel小到可以充当一般的计算器，或者计算个人收支情况，计算贷款或储蓄等，大到可以进行专业的科学统计运算，以及通过对大量数据的计算分析，为公司财政政策的制定，提供有效的参考。幼儿园中的体检信息表、幼儿信息登记表、家长联系方式登记表等表格的制作和设计都离不开Excel，大量的实际应用经验表明，如果能够熟练地使用Excel，将会大大提高学习和工作效率。本单元以Excel 2010为例进行讲解。

任务一 《大班学生体检信息》的制作

学习目标

通过学习本任务，你将能够：

（1）通过体检信息表的制作，认识Excel 2010的工作界面；

（2）熟练掌握Excel 2010中表格的建立、数据的输入和排版设计、行高列宽的调整、行列的插入删除、单元格的合并、表格框线设计添加、工作表标签设置、函数和图表、打印设置、整体布局的设计及综合应用；

（3）灵活应用多种操作方法编辑和设计表格。

任务描述

体检信息表是幼儿园常见的一种表格形式。整体表格设计要合理有序，多种设计方法和技巧可以使表格实际布局更加合理。样文如图4-1-1所示。

幼儿园大班组体检表

姓名			性别			照片
出生日期			民族			
幼儿园			班级			
家庭地址						
家长联系方式						
既往病史	近期发热史			近期咳嗽史		
	其他					
过敏史						
体格检查	体重	kg	评价			
	身高	cm	评价			
	眼	左	耳（听力）	左		
		右		右		
	牙	数目	皮肤			
		龋齿				
	扁桃体		肺			
	心脏		脾脏			
	肝脏		其他			
辅助检查	血红蛋白	g/L	丙氨酸氨基转移酶	U/L		
	其他					
医生意见			医生签名			
检查单位盖章			检查日期	年 月 日		

图4-1-1 大班体检信息表效果图

任务分析

要想达到理想的效果，编辑时要注意以下几点：（1）整体版面的布局设计要合理，表格内容应正好占一整页的位置，其中各行高列宽应美观；（2）将表格主要内容进行分类设计摆放，使整体更加合理；（3）标题、文字等的字号、字体选择要合理符合表格的实际标准；（4）公式函数的使用要准确恰当；（5）打印输出前的设计排版很重要。

任务实施

一、认识Excel 2010工作界面

Excel 2010工作界面如图4-1-2所示。

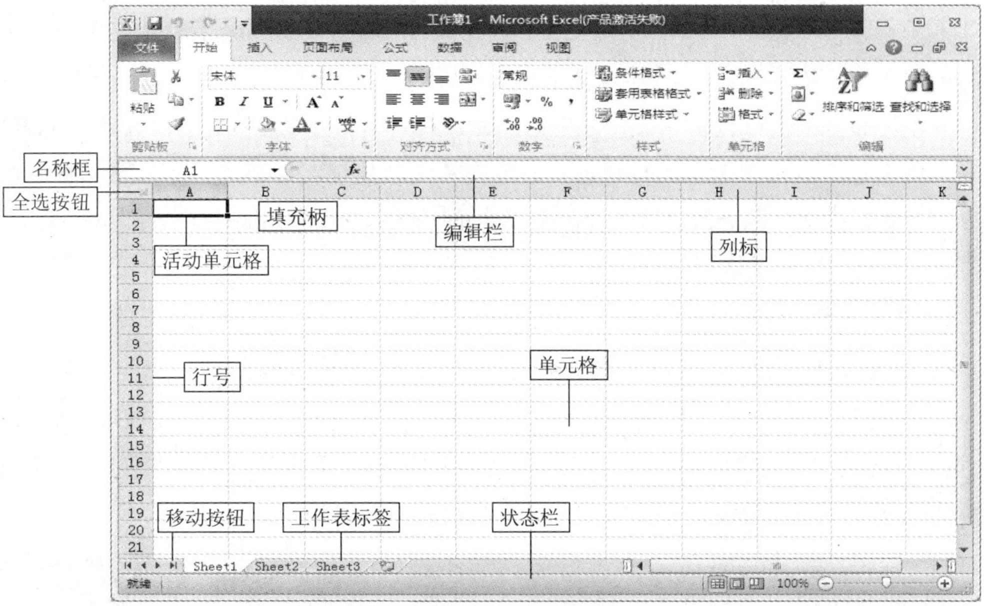

图4-1-2　Excel 2010 工作界面

相关知识：Excel编辑区中的对象名称及说明

- 单元格：Excel中数据的基本存储单元。
- 活动单元格：当前被操作的单元格。
- 全选按钮：单击全选按钮可以选取所有单元格。
- 列标：列的编号，依次用字母 A, B, …, XFD 表示，共 16 384 列，单击列标可以选择该列。
- 行号：行的编号，单击行号可以选择该行。
- 名称框：一般状态下，显示活动单元格的地址，即行号与列号，如“A列1行”活动单元格名称框里显示为A1。

- 编辑栏：在编辑栏中可以对活动单元格的数据进行编辑。“取消”按钮(同【Esc】键)和“输入”按钮（同【Enter】键），用于数据或字符输入操作；“插入函数”按钮用于打开“插入函数”对话框。
- 填充柄：活动单元格右下角的小黑块，就是Excel填充柄。用鼠标拖动填充柄可以按某种规则填充数据。
- 工作表标签：识别工作表的名称，工作簿由多张工作表标签组成，每个工作表标签可以重新命名，也可以新建，但不能重名。
- 状态栏：反映编辑区当前被选取单元格的状态。
- 移动按钮：方便查找多张工作表标签的前进或后退按钮。

相关知识：Excel相关概念

- 工作簿：Excel中，工作簿是处理和存储数据的文件，工作簿名就是文件名。
- 工作表：显示在工作簿窗口中的表格，默认一个工作簿有3个工作表，可增加可删除。
- 单元格地址：单元格在工作表中的位置，由列标和行号组成。一个矩形单元格区域的地址用“左上角单元格地址：右下角单元格地址”的形式表示。单元格地址共3种表示形式：相对地址（A1）、绝对地址（A1）、混合地址（$A1、A$1）。

二、数据输入

掌握在单元格中输入、修改、删除数据的方法。在A1单元格中输入“幼儿园大班组体检表”，在A2单元格中输入“姓名”，在E2单元格中输入“性别”……同样道理，输入其他数据。设置标题为“宋体”“20号”，其他文字为“宋体”“14号”，参见图4-1-1也可通过“设置单元格格式”对话框中的“字体”选项卡进行设置，如图4-1-3所示。

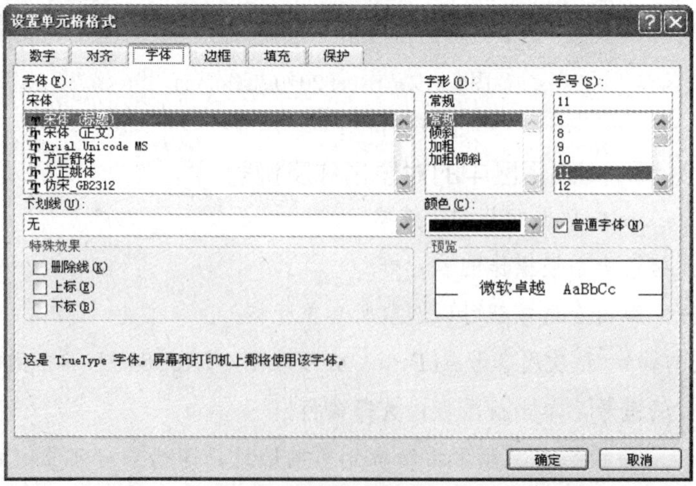

图4-1-3 “设置单元格格式”对话框“字体”选项卡

三、选取合并单元格

练习选取单元格、行、列、全选。选择A1:H1，单击“开始”选项卡下的“合并后居中”如下图4-1-4所示，完成单元格合并操作。同样操作完成其他需要进行合并的单元格操作。也可通过“设置单元格格式”对话框中的“对齐”选项卡进行相应设置，如图4-1-5所示。将表格中的所有文字设置为“水平居中”和“垂直居中”。选中A10单元格，在图4-1-5对话框中选中“自动换行”复选项。用类似的操作完成其他单元格的设置。

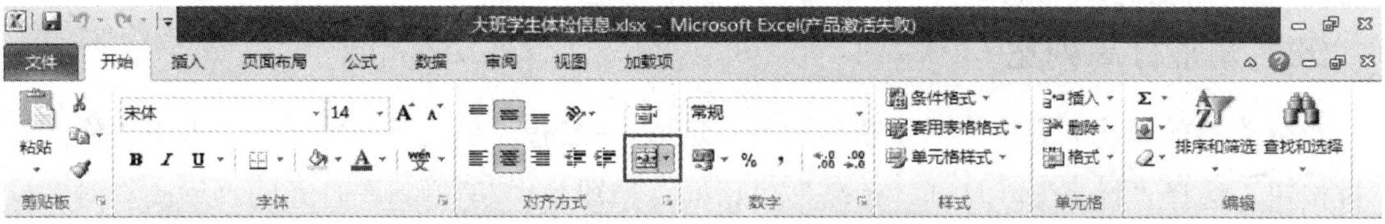

图4-1-4 单击“合并后居中”按钮

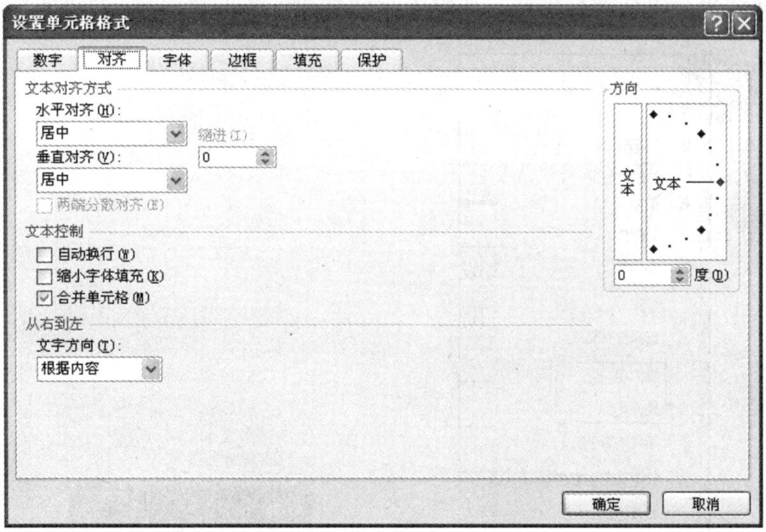

图4-1-5 “对齐”选项卡

相关知识：“设置单元格格式”对话框“对齐”选项卡

- 对齐方式：在Excel中，数据的对齐格式分为水平对齐和垂直对齐两种。Excel默认的水平对齐格式为“常规”，即文字数据居左对齐，数字数据居右对齐；默认的垂直对齐格式是“靠下”，即数据靠下边框对齐。
- 文本控制：自动换行，在单元格中输入的数据超出单元格长度时自动换行；缩小字体填充，单元格大小不变，将字体缩小填充入单元格，使其完全显示；合并单元格，可以将“行”或“列”上相邻的数个单元格合并为一个单元格，合并后单元格区域地质取左上角第一个单元格地址。

- 文字方向：要改变单元格内的文字方向，可用鼠标拖动如图4-1-5所示“方向”栏的“文本”调节线，或在“度”前面的数值框内输入数字进行设置。

四、插入/删除行列操作

如果在制作过程中多行少行或多列少列，可以通过右击行号插入行或删除行，右击列标插入列或删除列，如图4-1-6所示。

五、调整行高列宽

整体表格轮廓建立完毕，需要整体调整。选取1～22行，单击“开始”选项卡中“格式”下拉按钮，选择“行高”，打开“行高”对话框，如图4-1-7所示。在打开的“行高”对话框中设置行高为30。再单独设置19行和21行高度为50，22行高度为60。将鼠标放在列标中间，当鼠标变成双向箭头时手动调整列宽，使整个表格行和列都美观合理。

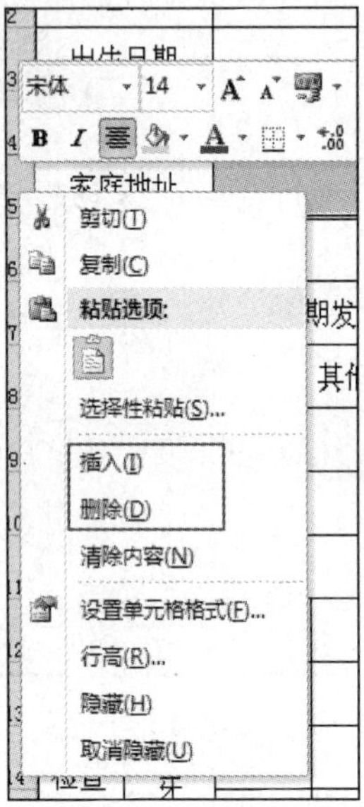

图4-1-6 右键菜单

图4-1-7 设置行高

六、设置表格框线

编辑完毕表格打印出来是没有框线的，这就需要为表格添加框线。选取A2:H22（除了标题以外的所有单元格），单击“设置单元格格式”对话框中的“边框”选项卡，如图4-1-8所示。单击“线条-样式”中的双线，再单击“外边框”。单击“线条-样式”中的细实线，再单击“内部”，即完成了如实例所示的边框线样式。也可做成其他线条样式的框线，还可以自己给表格框线添加颜色。

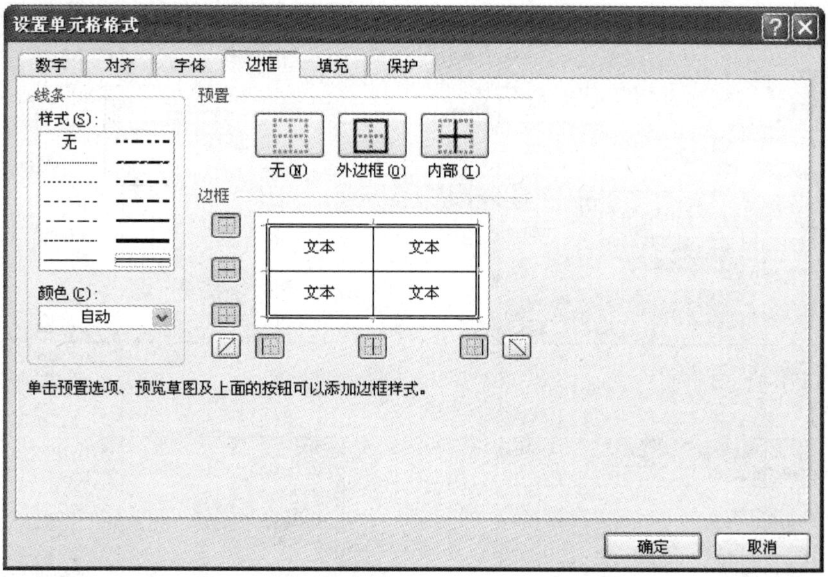

图4-1-8　为表格添加框线

七、工作表标签

表格制作完毕，将工作表标签名称改为“大班学生体检信息表”。在工作表标签上右击，选择“重命名”命令，输入新的名字，如图4-1-9所示。在右键菜单中还可以插入、删除、移动工作表，还可以设置工作表标签颜色。

图4-1-9　重命名工作表

八、打印工作表

单击“页面布局”选项卡，如图4-1-10所示。确定“纸张方向”和“纸张大小”，之后再进行页面设置，如图4-1-11～图4-1-14所示。

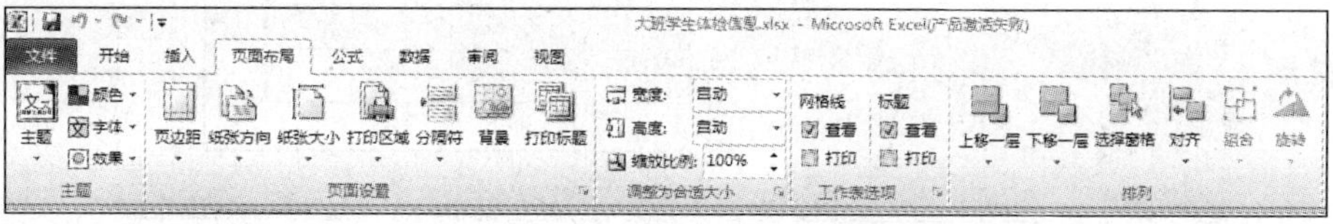

图4-1-10　“页面布局”选项卡

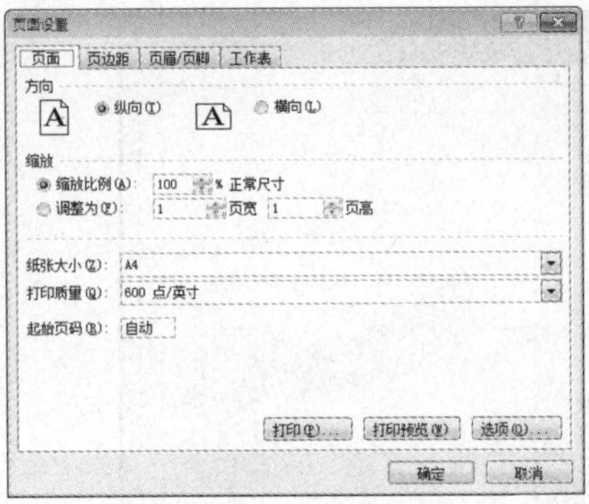

图4-1-11 “页面”选项卡

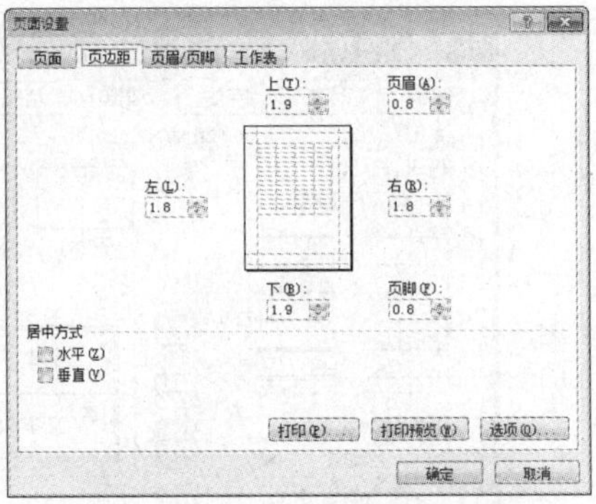

图4-1-12 “页边距”选项卡

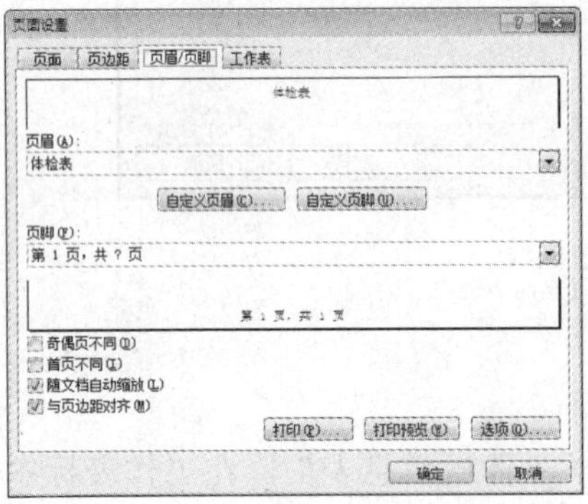

图4-1-13 “页眉页脚”选项卡

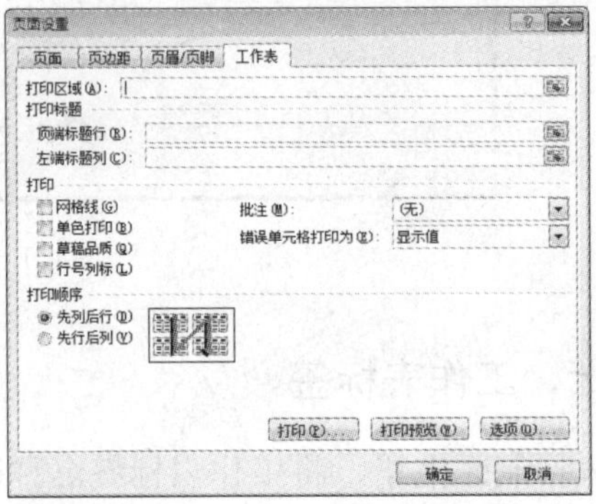

图4-1-14 “工作表”选项卡

选择“文件”选项卡下的“打印”命令，还可查看页面设置相关信息，如图4-1-15所示。单击“打印”按钮即可打印。

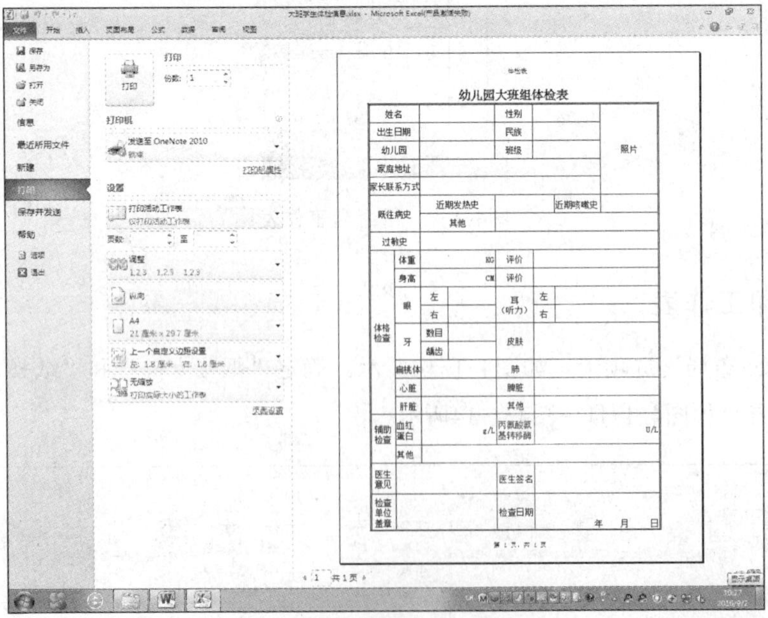

图4-1-15 选择“打印”命令

相关知识：打印相关知识

- 分页符：在工作表中插入分页符，主要起到强制分页的作用。预览和打印时会在有分页符的地方强制分页。
- 缩放页面：调整分页符后，如仍然无法将打印的工作表内容打印在一页上时，可以通过缩放调整大小，达到目的。

九、函数使用

学生体检信息表制作完毕，幼儿园还需要将幼儿的体检信息进行汇总，在汇总时往往要比较各个班级小朋友的信息，这就要用到函数。首先建立如图4-1-16所示的表格。

选中C23单元格，单击“开始”选项卡下的“自动求和”下拉菜单，选择“求和”命令，如图4-1-17所示。系统自动生成求和函数“=SUM(C3:C22)”，如图4-1-18所示，检查参数C3:C22是否正确，正确就按【Enter】键，求和计算完毕。

下面继续用函数求大一班小朋友的平均体重，选中C24单元格，选择图4-1-17中的“平均值”命令，生成平均值函数，此时生成的函数参数往往不正确。在求平均值时不应该包括刚刚求过的总和，所以需要重新修改函数，将函数改成“=AVERAGE(C3:C22)”，按【Enter】键，平均值计算完毕。

用类似的方法分别在图4-1-17所示图中选择“最大值”和“最小值”可求出大一班小朋友中最高身高和最矮身高。但是，要注意系统自动生成的函数需要手动修改一下，最大函数为“=MAX(C3:C22)”，最小函数为“=MIN(C3:C22)”。之后用同样方法求出表格小朋友身高相应的值，结果如图4-1-19所示。

大一班学生基本信息汇总表

序号	姓名	体重（KG）	身高(CM)	左眼	右眼	左耳	右耳	龋齿
1	宋佳儒	20	110					
2	李　爽	19	112					
3	蔡天娇	18	108					
4	刘　晔	22	107					
5	白　嚣	24	109					
6	李　慧	21	107					
7	王　菲	20	111					
8	袁可心	21	116					
9	薛　洋	19	109					
10	李　阳	23	106					
11	李蒙巍	22	105					
12	徐　琦	21	107					
13	张天娇	20	111					
14	郝健羽	19	104					
15	肖咏月	17	115					
16	钟燕妮	18	110					
17	郑　丹	23	109					
18	杨金环	16	112					
19	段明月	15	108					
20	高东月	20	113					
总　和								
平　均								
最　大								
最　小								

图4-1-16　体检信息汇总表

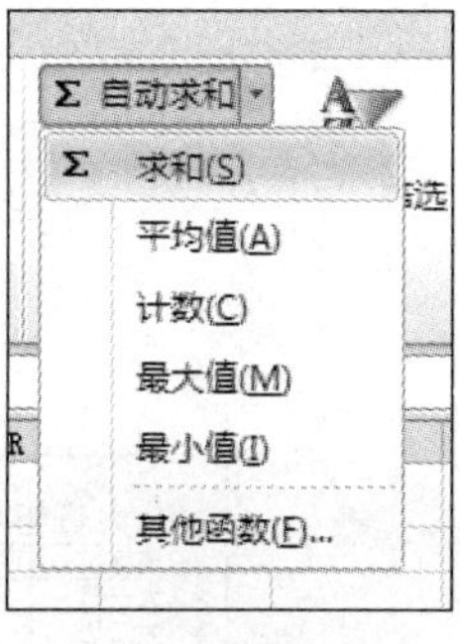

图4-1-17　选择“求和”生成求和函数

图4-1-18　利用求和函数计算体重总和

大一班学生基本信息汇总表

序号	姓名	体重（KG）	身高(CM)	左眼	右眼	左耳	右耳	龋齿
1	宋佳儒	20	110					
2	李　爽	19	112					
3	蔡天娇	18	108					
4	刘　晔	22	107					
5	白　蒿	24	109					
6	李　慧	21	107					
7	王　菲	20	111					
8	袁可心	21	116					
9	薛　洋	19	109					
10	李　阳	23	106					
11	李家巍	22	105					
12	徐　琦	21	107					
13	张天娇	20	111					
14	郝健羽	19	104					
15	肖咏月	17	115					
16	钟燕妮	18	110					
17	郑　丹	23	109					
18	杨金环	16	112					
19	段明月	15	108					
20	高东月	20	113					
总　和		398	2189					
平　均		19.9	109.45					
最　大		24	116					
最　小		15	104					

图4-1-19　函数使用计算结果

相关知识：常用函数

- 求和函数：=SUM(number1:number2)，返回单元格区域中所有数字的和。
- 平均数函数：=AVERAGE(number1:number2)，返回所有参数的平均数。
- 求最大值函数：=MAX(number1:number2)，返回一组参数的最大值，忽略逻辑值及文本字符。
- 求最小值函数：= MIN(number1:number2)，返回一组参数的最小值，忽略逻辑值及文本字符。

十、图表使用

首先建立如图4-1-20所示表格，然后选中A2:C6，单击“插入”选项卡下的“图表”中的“柱形图”，如图4-1-21所示。选择“三维簇状柱形图”，生成图4-1-22所示图表。选中图表，单击“图表工具”选项卡“图表布局”中的“布局3”，如图4-1-23所示。使图表有标题，并且图例在图表下方显示。在标题处单击修改标题内容，修改后如图4-1-24所示，图表制作完毕。

大班组各班学生信息汇总表

班级	平均身高（cm）	平均体重（kg）
大一班	110	20
大二班	108	19
大三班	112	22
大四班	109	21

图4-1-20　大班组各班学生信息汇总表

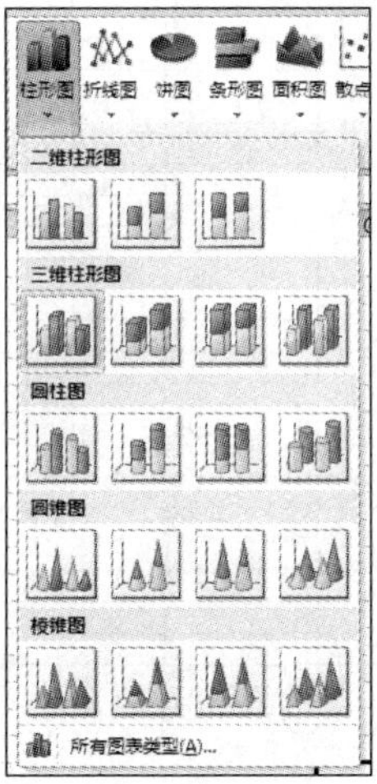

图4-1-21　插入图表

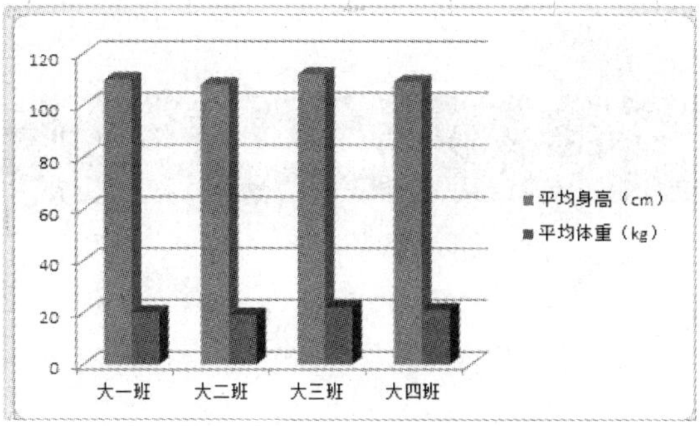

图4-1-22　生成图表

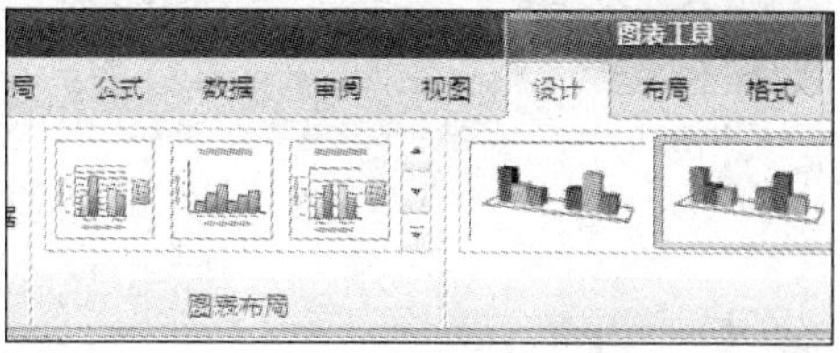

图4-1-23　选择图表布局

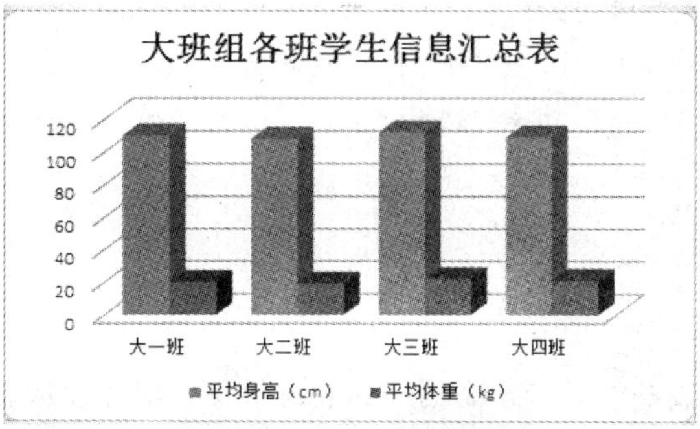

图4-1-24　添加标题后的图表

学习评价

请结合完成的任务，进行下列评价：

评价内容	评价项目	评价内容	自我评价	改进措施
制作《大班学生体检信息表》	文字	输入、字体、字号、整体效果等		
	行、列、单元格	熟练添加、删除、合并单元格、行高列宽的合理调整		
	工作表标签	改名、改色等操作		
	表格框线	为表格外边框和内框设置合理框线		
	打印设置	打印输出前的设置		
	函数	正确使用函数		
	图表	图表的合理使用		

思考与练习

设计一张新入托幼儿信息登记表，充分发挥自己的想象力。

任务二 《家长联系方式》的制作

学习目标

通过学习本任务，你将能够：

（1）熟练掌握Excel 2010中表格数据的快速填充、数字格式的调整、格式刷的使用、排序、筛选和分类汇总、表格边框和底纹添加与颜色设置、整体页面的布局设计；

（2）灵活应用多种操作方法编辑和设计表格。

任务描述

家长联系方式登记表是幼儿园常用的一种表格形式。整体设计要合理有序，整体排版要美观大方，方便信息查找。样文如图4-2-1所示。

小哈津幼儿园家长联系方式登记表

班级： 中一班　　班主任： 杨柳　　填表日期： 2016年9月1日

序号	孩子姓名	性别	家长姓名	与孩子关系	家长年龄	家庭详细住址	电话	微信	备注
1	孙嫒嫒	女	任国明	母女	35	沈阳市于×××三家镇兰屯村1-3	15042667×××		
2	郭一鸣	女	郭遵祥	父女	36	沈阳市×××富民南街29号	13889824×××		
3	赵馨彤	女	吕玉荣	母女	39	沈阳市×××苗山路18-2#	13941805×××		
4	李明捷	女	娄宝明	母女	32	沈阳市×××李相镇李相村169号	13898567×××		
5	齐聪	女	刘颖	母女	29	和平区×××街38号	15944534×××		
6	宋傲华	女	张洪英	母女	31	沈阳市×××风雨坛街23号	13601268×××		
7	王月	女	李红英	母女	31	沈阳市×××风雨坛街23#	15524503×××		
8	张金玉	女	张伟东	父女	32	沈阳市×××区清水街	15640186×××		
9	高鑫	女	肖慧	母女	33	沈河区×××顺发巷17号	13912304×××		
10	柳婷婷	女	徐春环	母女	35	沈阳市×××沈辽中路30-1	15940261×××		
11	丛琳	男	米玉璋	母子	36	沈阳市×××四平街7-2号	13694135×××		
12	郭思奇	男	高洪波	母子	28	沈阳市×××黄海路5-20号	15141456×××		
13	曹诗宇	男	沈莉	母子	36	沈阳市×××南十二西路21巷	15640564×××		
14	葛志丽	男	叶兰香	母子	34	皇姑区×××路11号沈政3-2-2	13940508×××		
15	卑萍	男	卑继栋	父子	35	沈阳市×××勋业四路14-113号	15102526×××		
16	洪婉晴	男	张玉华	母子	39	东陵区×××火石桥村委会326号	13940897×××		
17	苏莹	男	滕玉台	母子	36	沈阳市×××砂山街129	13624078×××		
18	刘姝妤	男	蔡凯	母子	33	丁香街×××小区229	13996486×××		
19	赵莹	男	李洪生	母子	35	沈阳市×××马壮街58号	13998536×××		
20	安俊颖	男	国忠伍	母子	34	沈阳市×××砂山街89号	13591443×××		

图4-2-1 家长联系方式效果图

任务分析

要想达到理想的效果，编辑时要注意以下几点：（1）掌握数字和文本快速填充方法的区别；（2）灵活使用格式刷节省编辑时间；（3）根据需要进行查找和替换操作；（4）排序、分类汇总、筛选的灵活运用；（5）美化表格，给表格添加漂亮的边框和底纹。

任务实施

一、快速填充数据

参考如下图4-2-2在工作表中指定单元格里输入数据，并合并单元格。其中，序号和性别可用自动填充功能实现数据的快速录入。文字数据可直接拖动选定单元格右下角的填充柄实现快速填充。数字数据需要先输入两个数字，然后选定这两个单元格再拖动填充柄，可实现数字序列的快速填充。也可以通过“开始”选项卡中的“填充”命令实现填充，如图4-2-3所示。

小哈津幼儿园家长联系方式登记表

班级：中一班　　班主任：杨柳　　填表日期：2016年9月1日

序号	孩子姓名	性别	家长姓名	与孩子关系	家长年龄	家庭详细住址	电话	微信	备注
1	孙嫒嫒	女	任国明	母女	35	沈阳市于×××三家镇兰屯村1-34	15042667×××		
2	郭一鸣	女	郭遵祥	父女	36	沈阳市×××富民南街29号	13889824×××		
3	赵馨彤	女	吕玉荣	母女	39	沈阳市×××苗山路18-2#	13941805×××		
4	李明捷	女	娄宝明	母女	32	沈阳市×××李相镇李相村169号	13898567×××		
5	齐聪	女	刘颖	母女	29	和平区×××街38号	15944534×××		
6	宋傲华	女	张洪英	母女	31	沈阳市×××风雨坛街23号	13601268×××		
7	王月	女	李红英	母女	31	沈阳市×××风雨坛街23#	15524503×××		
8	张金玉	女	张伟东	父女	32	沈阳市×××区清水街	15640186×××		
9	高鑫	女	肖慧	母女	33	沈河区×××顺发巷17号	13912304×××		
10	柳婷婷	女	徐春环	母女	35	沈阳市×××沈辽中路30-1	15940261×××		
11	丛琳	男	米玉璋	母子	36	沈阳市×××四平街7-2号	13694135×××		
12	郭思奇	男	高洪波	母子	28	沈阳市×××黄海路5-20号	15141456×××		
13	曹诗宇	男	沈莉	母子	36	沈阳市×××南十二西路21巷	15640564×××		
14	葛志丽	男	叶兰香	母子	34	皇姑区×××11号沈政3-2-2	13940508×××		
15	卑萍	男	卑继栋	父子	35	沈阳市×××勋业四路14-113号	15102526×××		
16	洪婉晴	男	张玉华	母子	39	东陵区×××火石桥村委会326号	13940897×××		
17	苏莹	男	滕玉台	母子	36	沈阳市×××砂山街129	13624078×××		
18	刘姝妤	男	蔡凯	母子	33	丁香街×××小区229	13996486×××		
19	赵莹	男	李洪生	母子	35	沈阳市×××马壮街58号	13998536×××		
20	安俊颖	男	国忠伍	母子	34	沈阳市×××砂山街89号	13591443×××		

图4-2-2　家长联系方式登记表

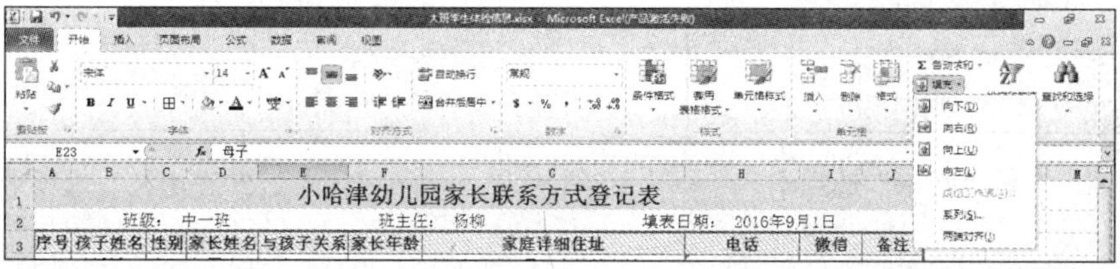

图4-2-3　填充命令

相关知识：“填充”下拉列表中的各选项说明

- 向下/右/上/左：向下/右/上/左填充数据。
- 向右：显示在工作簿窗口中的表格，默认一个工作簿有3个工作表，可增加可删除。
- 成组工作表：可在不同工作表中填充数据。
- 系列：可控制填充序列类型。
- 两端对齐：可在单元格内容过长时进行换行，以便重排单元格中的内容。

相关知识：“填充”操作提示

- 填充等差序列时应确定步长值。因此，填充这类序列时需要先输入前两项，然后再选定这两个单元格，拖动填充柄，否则仅复制数字。
- 填充等比序列时也需要先输入前两项，确定比例因子，然后按住鼠标右键拖动填充柄，在弹出的快捷菜单中选择“等比序列”命令。
- 在Excel中拖动完填充柄之后，在最后一个单元格右下角将出现“自动填充选项”标记，单击该标记可以选择填充方式。

二、数字格式

对于表格中的数字格式可以通过“设置单元格格式”对话框中的“数字”选项卡进行设置，如图4-2-4所示。

三、添加彩色框线和底纹

用户可以进一步美化表格，首先选中标题所在单元格，打开“设置单元格格式”对话框中的“填充”选项卡，将标题底纹设置为填充成黄色，将第三行图案颜色设置为蓝色，图案样式如图4-2-5所示。然后结合图4-2-2，添加框线，并选择颜色。

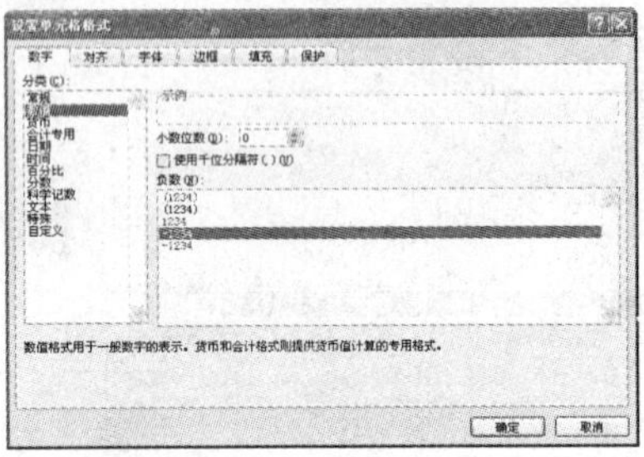

图4-2-4 “数字”选项卡

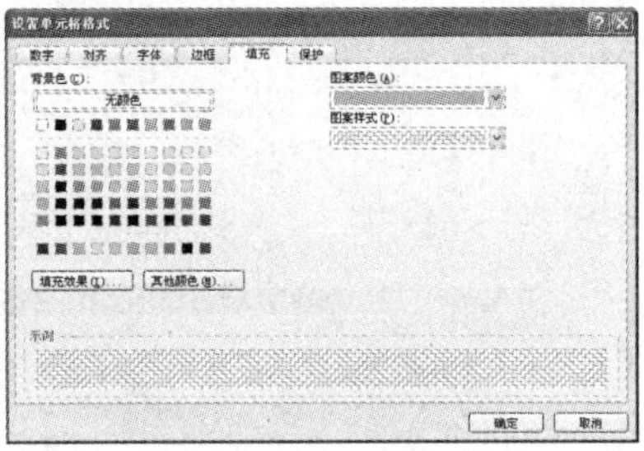

图4-2-5 “填充”选项卡

四、查找和替换

用户可以通过“开始”选项卡下的“查找和选择”功能实现相应操作，如图4-2-6所示。在图4-2-7所示对话框中输入想要查找的信息可以帮助我们快速定位相应单元格。在图4-2-8所示对话框中可以实现同时对多处相同内容数据的同时快速更改。

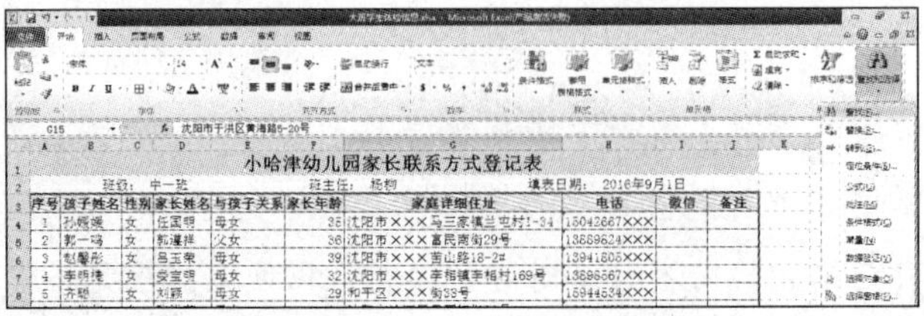

图4-2-6 “开始”选项卡中的“查找和选择”

图4-2-7 “查找”选项卡

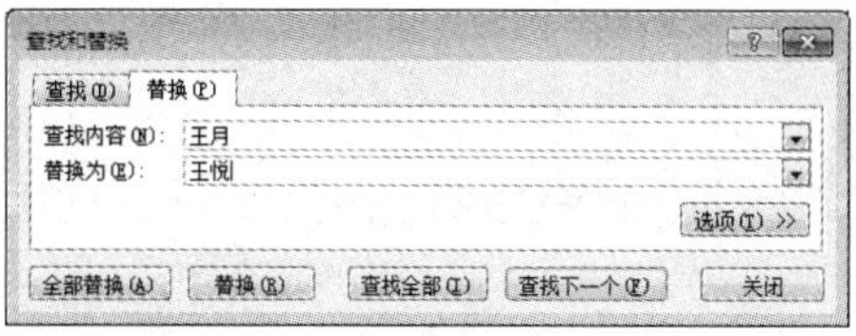

图4-2-8 “替换”选项卡

五、排序

如果需要将表格数据按照一定的规则进行排序，可使用排序功能，比如要按照“孩子姓名”列进行排序，首先选中孩子姓名列的数据，然后单击“开始”选项卡下编辑和选择数据，再选择“排序和筛选”下拉列表中的“升序”或“降序”命令，如图4-2-9所示。

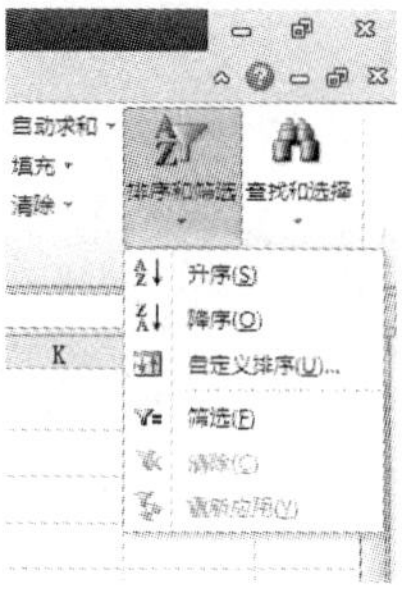

图4-2-9 “排序”功能

相关知识：排序相关知识

- 排序规则：排序是根据某制定列的数据的顺序重新对行的位置进行调整，方便进行数据查找、观察和分析。
- 排序条件：单关键字排序，就是利用一个“主要关键字”进行排序。如果需要排序的条件不止一个，则使用“次要关键字”排序。

六、数据筛选

选择A3:J3，选择图4-2-9所示“筛选”命令，可在下拉菜单中选择相应的命令进行操作。图4-2-10所示为只查看女孩的信息。

图4-2-10 筛选结果

七、分类汇总

在“数据”选项卡下具有分类汇总功能，如图4-2-11所示。可将表格数据分类进行汇总。具体选项如图4-2-12所示。

图4-2-11 分类汇总

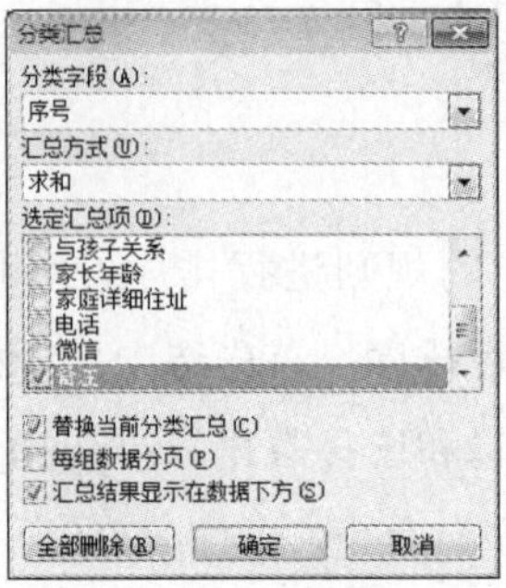

图4-2-12 “分类汇总”对话框

八、保存

编辑设计完毕，选择“文件”选项卡中的“保存”命令，保存文档，如图4-2-13所示。

图4-2-13 保存

学习评价

请结合完成的任务，进行下列评价：

评价内容	评价项目	评价内容	自我评价	改进措施
制作《家长联系方式》	数据填充	文字和数字的快速填充方法		
	查找和替换	会根据实际情况进行查找和替换操作		
	边框和底纹	带颜色的边框和底纹设置		
	排序	根据需要对数据进行排序		
	筛选	筛选想要数据		
	分类汇总	汇总相应数据		

思考与练习

设计一张幼儿基本信息汇总表，充分发挥自己的想象力。

5

单元五

幼儿园课件设计

PowerPoint是微软公司出品的Office软件系列重要组件之一，它是一款功能强大的演示文稿制作软件。学生可利用PowerPoint制作文稿，为故事配图、为音乐增加动画、为课堂创设情境。也可将演示文稿打印成一页一页的幻灯片，使用幻灯片机或投影仪播放。生动活泼的画面质感会激发小朋友的好奇心，充分带动课堂气氛。

任务一 《咏鹅》的制作

学习目标

通过学习本任务，你将能够：

（1）熟练掌握创建、打开 、关闭与退出演示文稿；

（2）可以对幻灯片进行版式的选择、插入、复制、移动和删除等操作；

（3）对幻灯片进行简单的编辑，以及保存、浏览幻灯片；

（4）熟练利用幻灯片“版式”“设计”制作出与文稿内容风格一致、美观大方的PPT。

任务描述

《咏鹅》是初唐诗人骆宾王于七岁时写的一首五言古诗。大多数幼儿园都会把它作为小朋友入园后学的第一首古诗，生动有趣。为配合该古诗的情境，版面设计要活泼，利用幻灯片版式和母版的设计使整个PPT丰富生动。

任务分析

要想达到理想的效果，编辑时要注意以下几点：（1）版式的设计、文字效果等；（2）使图片更有设计感，整体设计多元化，围绕主题内容，丰富直观。

任务实施

一、启动PowerPoint

选择“开始”→“所有程序”→“Microsoft Office”→“Microsoft Office PowerPoint 2010”命令，就可以打开一个窗口，如图5-1-1所示。

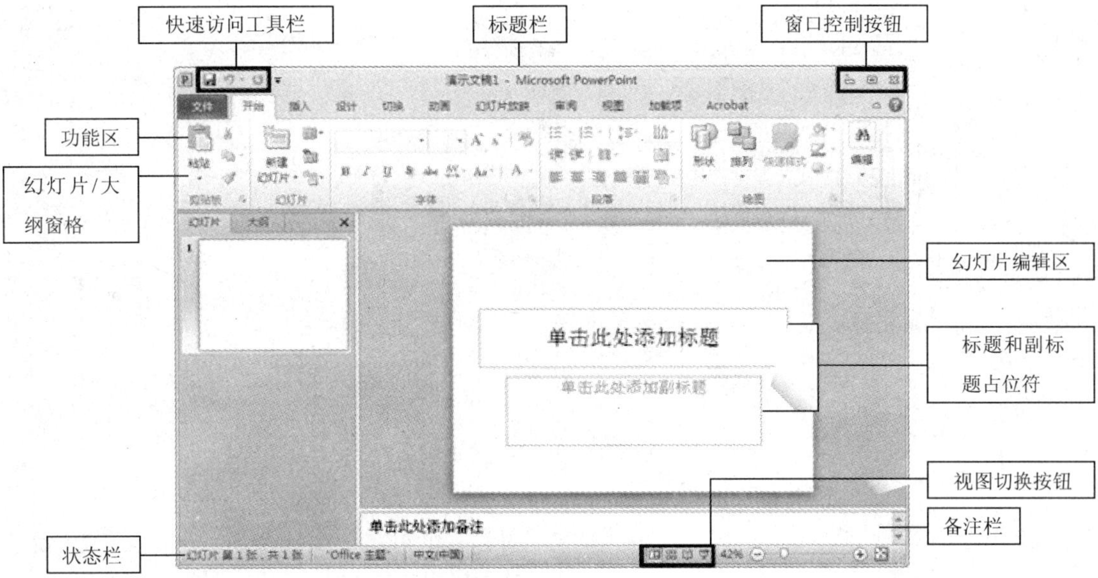

图5-1-1 PowerPoint 2010 界面介绍

相关知识：认识PowerPoint 2010界面

- 标题栏：显示正在编辑的演示文稿的文件名以及所使用的软件名。
- 快速访问工具栏：常用命令位于此处，如“保存”和“撤销”。也可以添加自己的常用命令。
- 功能区：工作时需要用到的命令位于此处。它与其他软件中的“菜单”或“工具栏”相同。
- 幻灯片编辑区：显示正在编辑的演示文稿。
- 视图切换按钮：可以根据自己的要求更改正在编辑的演示文稿的显示模式。
- 幻灯片大纲窗格：简要显示整个文件主题大纲情况，在本区中，通过“大纲选项”或“灯片选项”可以快速查看整个演示文稿中的任意一张幻灯片。
- 状态栏：显示当前操作状态。
- 备注窗格：用来编辑幻灯片的一些“备注”文本。

二、新建幻灯片

单击“开始”选项卡中的“新建幻灯片”按钮，选择标题幻灯片，就创建出一张幻灯片，如图5-1-2所示。

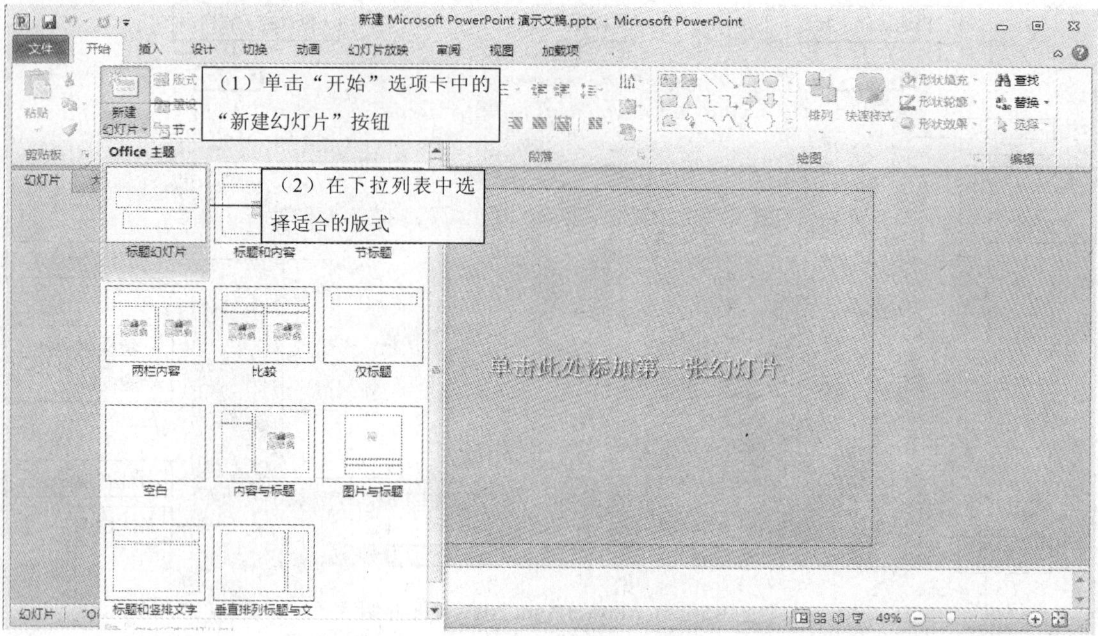

图5-1-2　新建幻灯片

三、设计版式

在“开始”选项卡的“幻灯片”功能组中单击“版式”按钮，即可根据需要，选择适合的幻灯片版式，如图5-1-3所示。

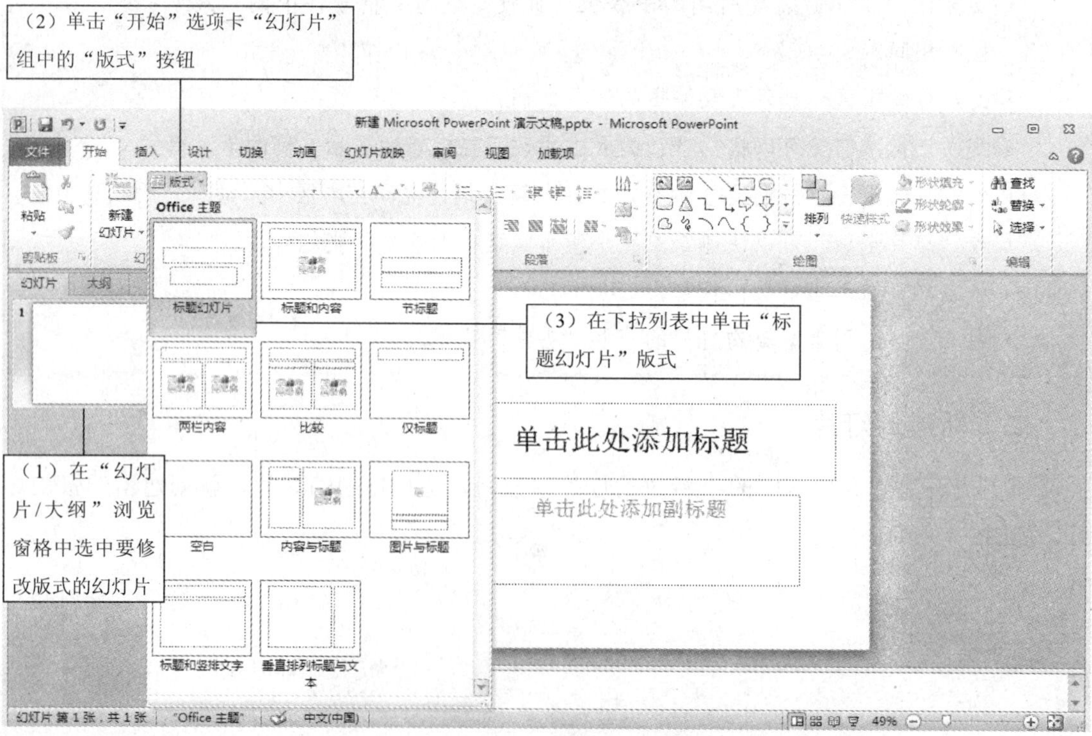

图5-1-3　幻灯片版式

（1）在工作区中间有两个虚线框，里面写着“单击此处...”，这就是文本框，用来输入文字。

（2）将鼠标移到第一个文本框的虚线上，这时鼠标指针变成一个花的形状，单击选中文本框。

选中以后，文本框的边框加粗，变成粗虚线，然后按键盘上的删除键【Delete】，即可删除这个文本框。

（3）选中下面的第二个文本框，按【Delete】键将其删除，这样就得到一张空白的幻灯片。

四、编辑内容

在演示文稿页面上方的一个虚线框处单击，输入标题“《咏鹅》”；在第二个虚线框内单击，键入古诗作者。然后，在“开始”功能区的“字体”功能组中根据需要设置相应的字体、字号、加粗、颜色等内容，如图5-1-4所示。

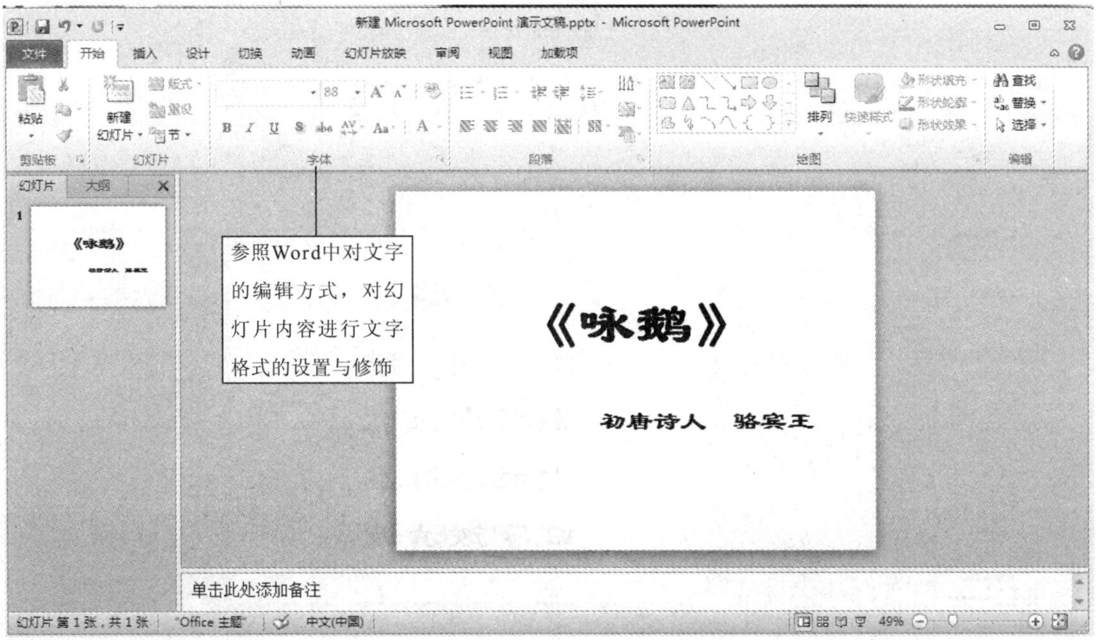

图5-1-4 编辑幻灯片内容

五、编辑新的幻灯片内容

在“开始”功能区的“幻灯片”功能组中单击“新建幻灯片”按钮，在下拉列表中直接可以选择适合的版式，编辑古诗内容，如图5-1-5所示。

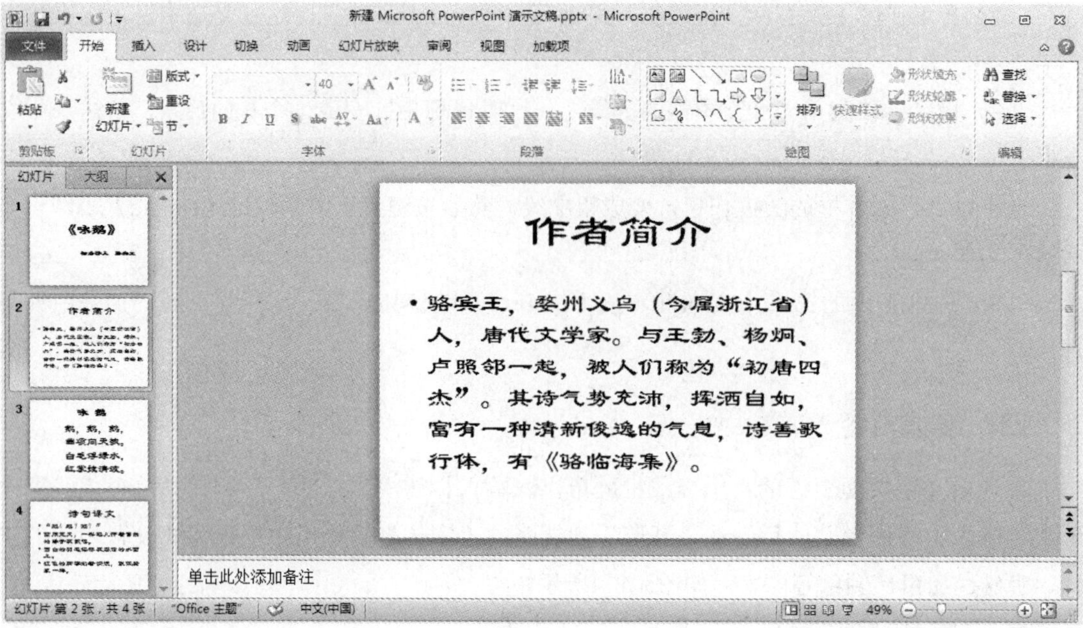

（a）作者简介

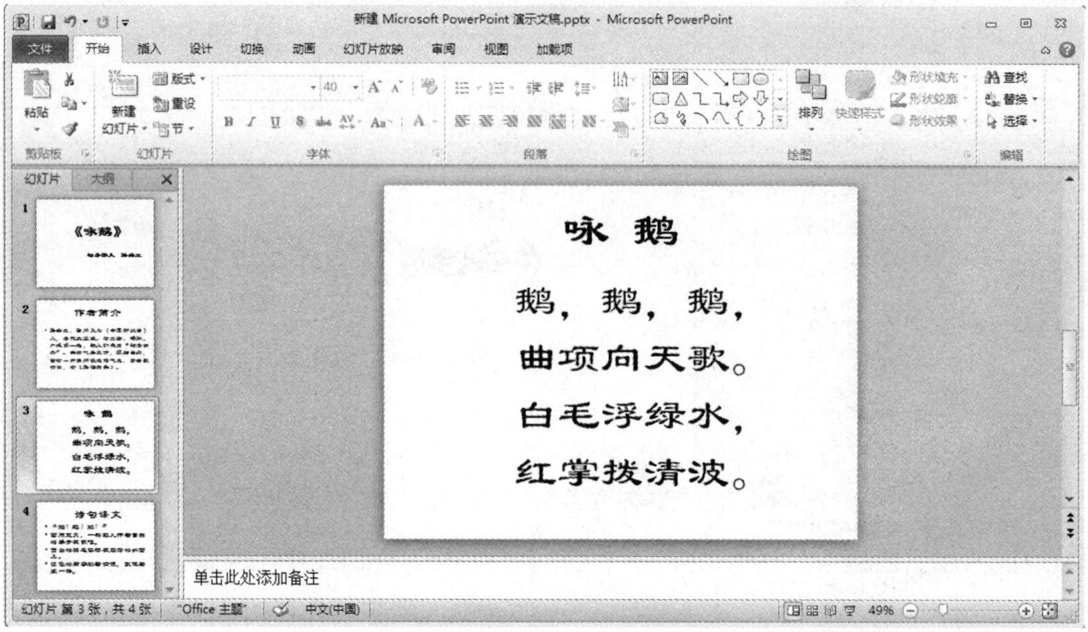

（b）诗句

图5-1-5　添加幻灯片内容

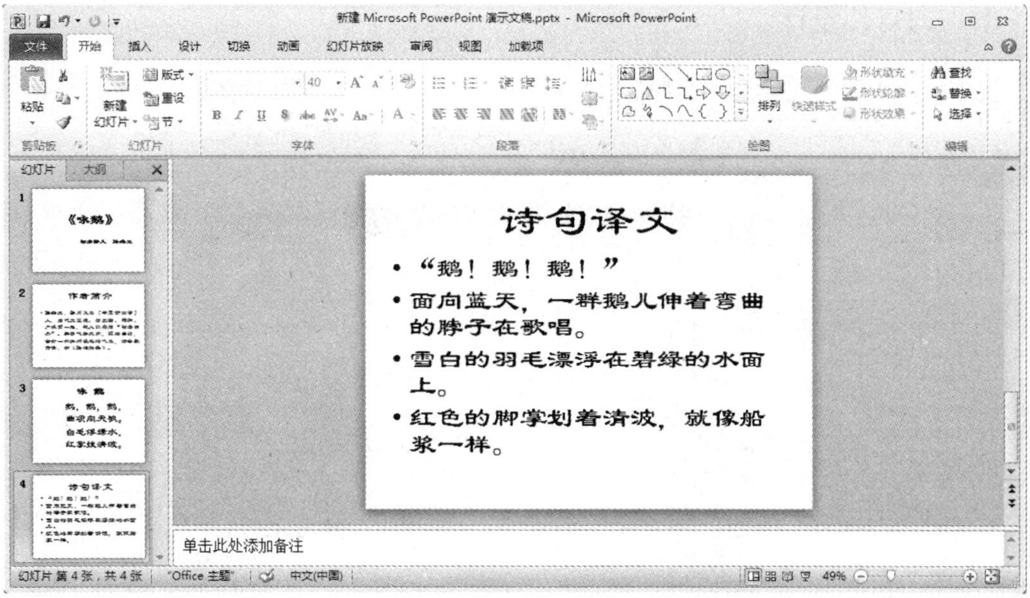

（c）译文

图5-1-5　添加幻灯片内容（续）

六、插入文本框

新建一个空白版式的幻灯片，在“插入”选项卡的“文本”功能区中单击“文本框”按钮，在下拉列表中选择“横排文本框”选项；在空白的幻灯片内用鼠标拖动的方法插入一个文本框，在文本框中添加文字，如图5-1-6所示。

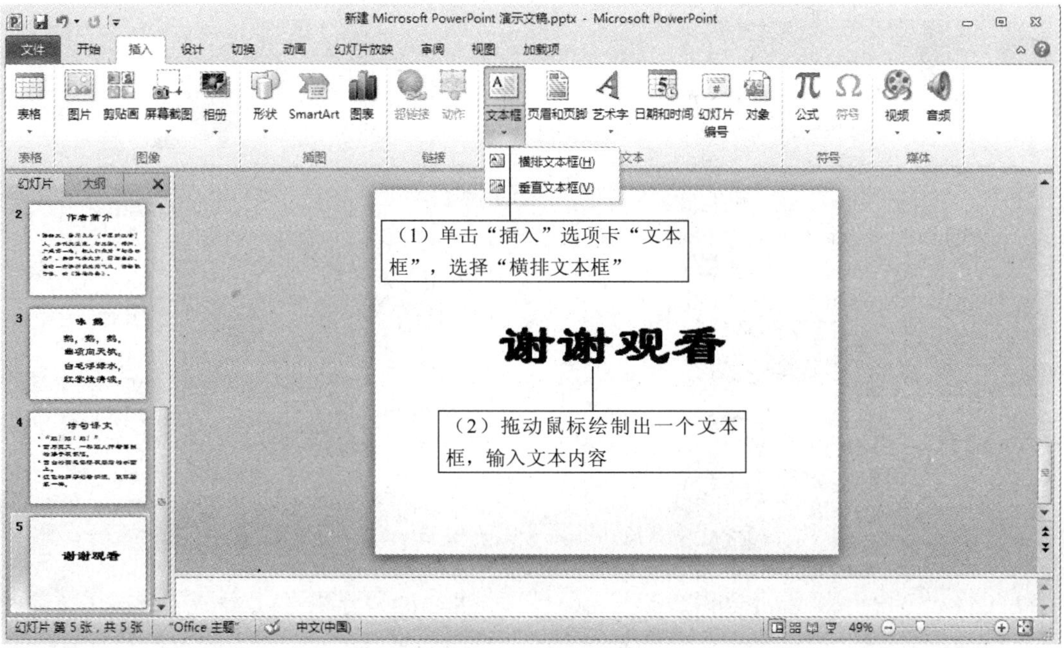

图5-1-6　插入文本框

七、幻灯片设计

为演示文稿设置与之相符的主题，如图5-1-7所示。

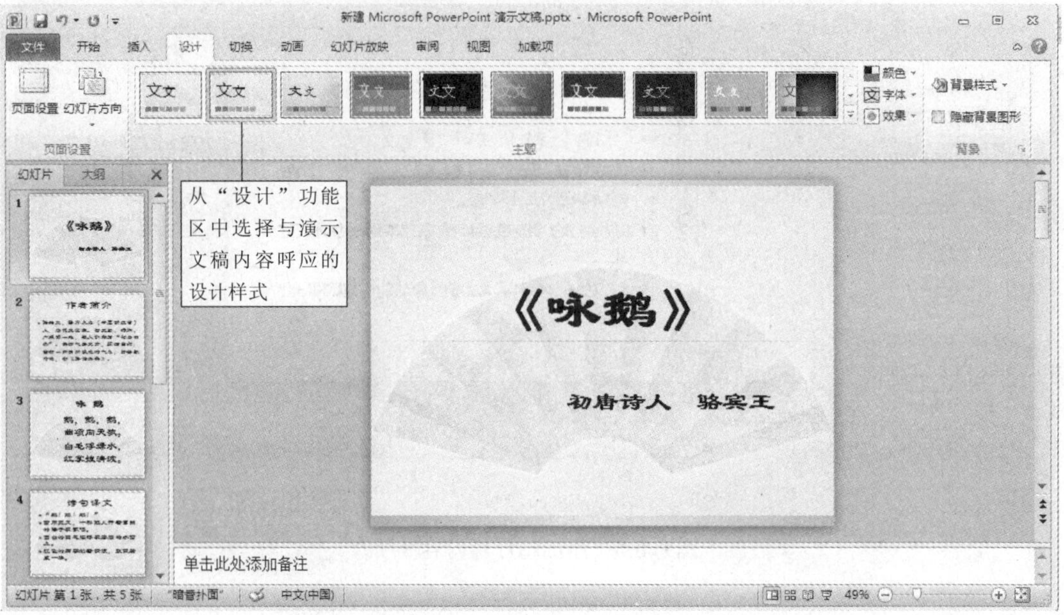

图5-1-7　幻灯片设计

八、放映演示文稿

在“幻灯片放映”选项卡中单击“从头开始”按钮，开始播放，如图5-1-8所示。

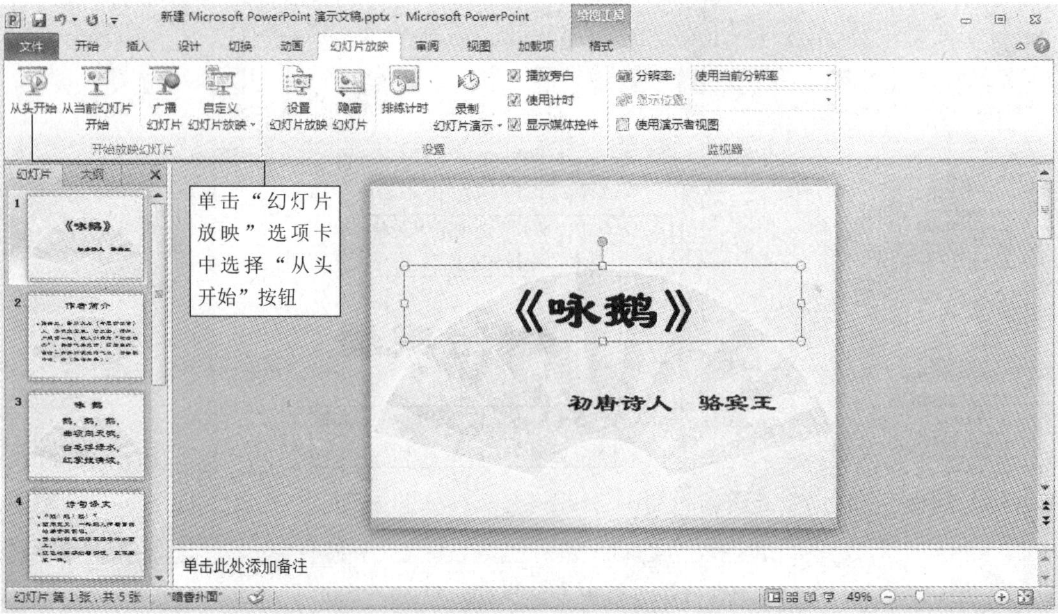

图5-1-8　幻灯片放映

九、保存演示文稿

在“文件”选项卡中选择“保存”命令，具体保存步骤与前面学习过的Word、Excel保存方式相同。PowerPoint 2010生成的演示文稿文件扩展名为pptx，本演示文稿以文件名“咏鹅.pptx”保存。

学习评价

请结合完成的任务，进行下列评价：

评价内容	评价项目	评价内容	自我评价	改进措施
制作《咏鹅》PPT	新建演示文稿	操作熟练程度		
	设计版式	是否美观实用		
	插入新幻灯片	操作方法是否得当		
	插入文本框	操作方法是否得当		
	幻灯片设计	设计是否合理		
	播放文稿	播放的效果和熟练程度		

思考与练习

设计一个PPT，主题为“我的学校”，其中必须含有以下内容：

（1）插入一个文本框，输入自己的班级。

（2）插入一个文本框，输入自己的学校。

（3）插入一个文本框，输入班级的口号。

任务二 《数学课：认识形状》的设计

学习目标

通过学习本任务，你将能够：

（1）熟练掌握在幻灯片中插入、编辑剪贴画、艺术字、自选图形等内容；

（2）可以熟练掌握插入声音、图片等操作；

（3）在幻灯片中建立表格和图表等操作，使幻灯片的设计更加具有吸引力和感染力。

任务描述

《数学课：认识形状》幼儿园小朋友在认识各种图形、颜色时，如果借助到PPT的演示，会更加生动、形象、具体。为配合本演示文稿的内容，版面设计要多元化，利用幻灯片插入自选图形等设计使整个PPT的演示更加吸引小朋友的注意。

任务分析

要想达到理想的效果，编辑时要注意以下几点：（1）版式的设计色彩运用，以及设计的整体效果等；（2）使PPT更有设计感，整体设计多元化；（3）围绕主题内容，丰富直观。

任务实施

一、启动PowerPoint

启动PowerPoint，选择“开始”→“所有程序”→“Microsoft Office”→“Microsoft Office PowerPoint 2010”。在“开始”选项卡“幻灯片”功能区中的单击“新建幻灯片”按钮，选择标题幻灯片，创建出一张空白的幻灯片，如图5-2-1所示。

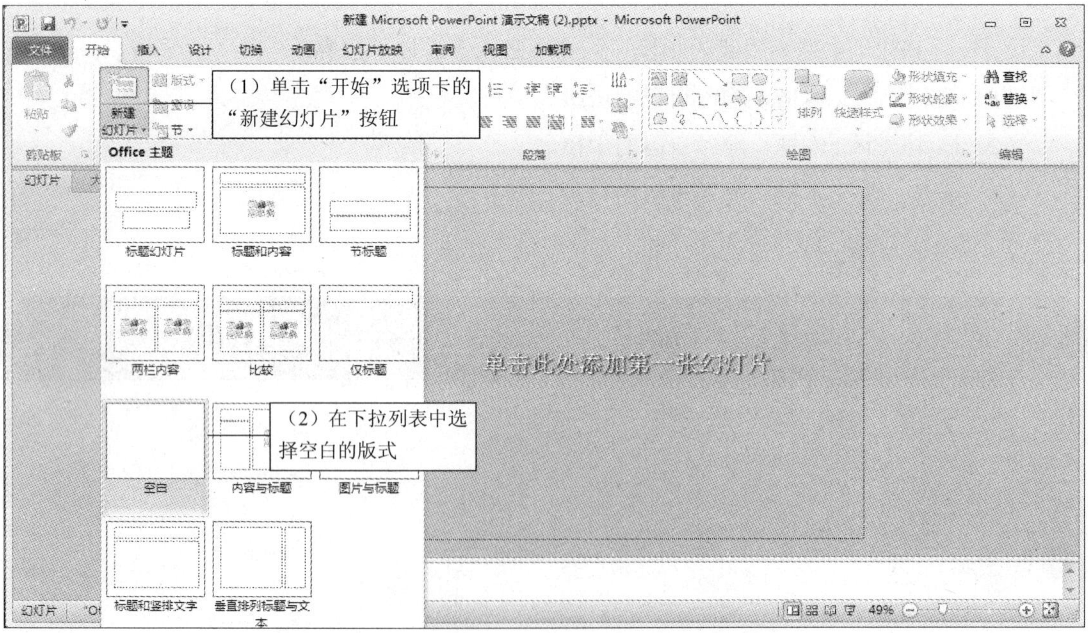

图5-2-1　新建幻灯片

二、插入艺术字

为本演示文稿第一张幻灯片中插入艺术字，具体操作步骤如图5-2-2所示。

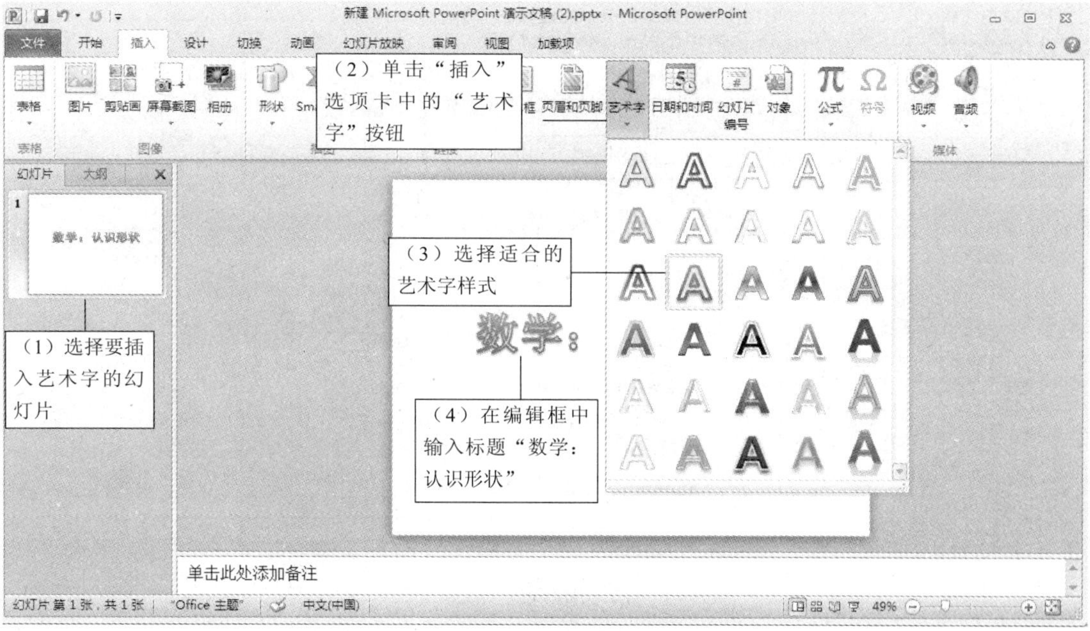

图5-2-2　插入艺术字

三、设置背景

利用背景样式功能为演示文稿设置背景，并应用于整个演示文稿，具体操作步骤如图5-2-3所示。

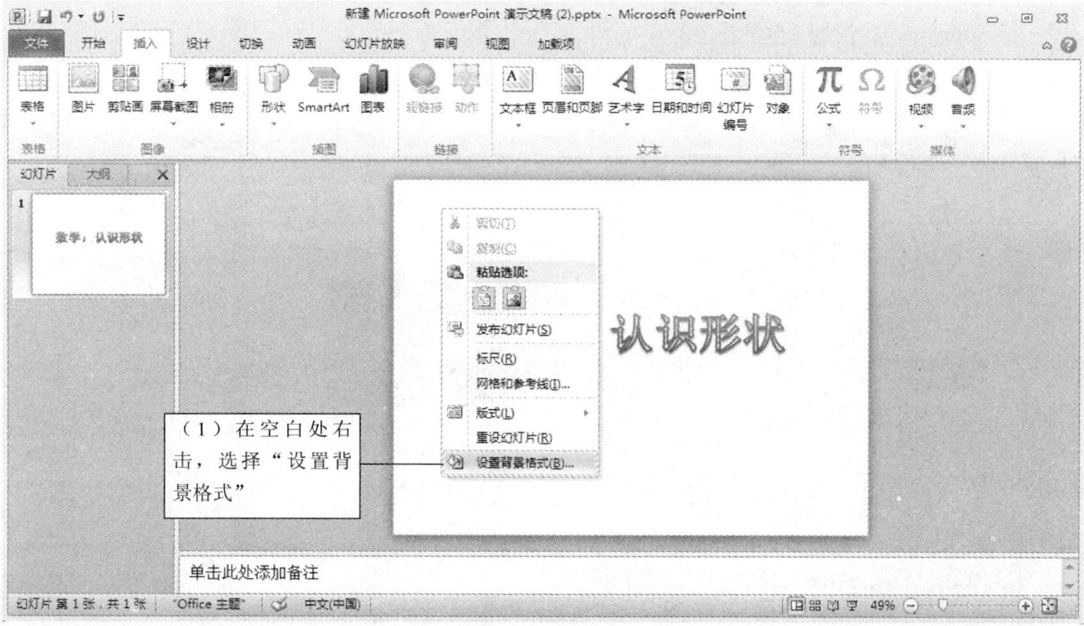

（a）选择“设置背景格式”命令

图5-2-3　设置背景颜色

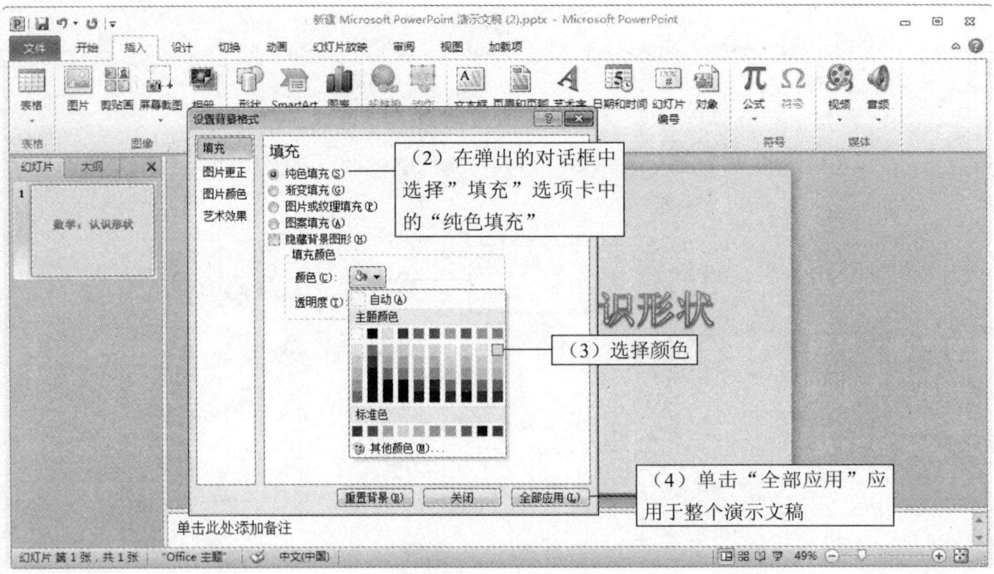

（b）选择“填充”选项

图5-2-3　设置背景颜色（续）

四、插入自选图形

继续创建一个空白幻灯片页面，插入自选图形中的“矩形”形状，具体操作步骤如图5-2-4所示。

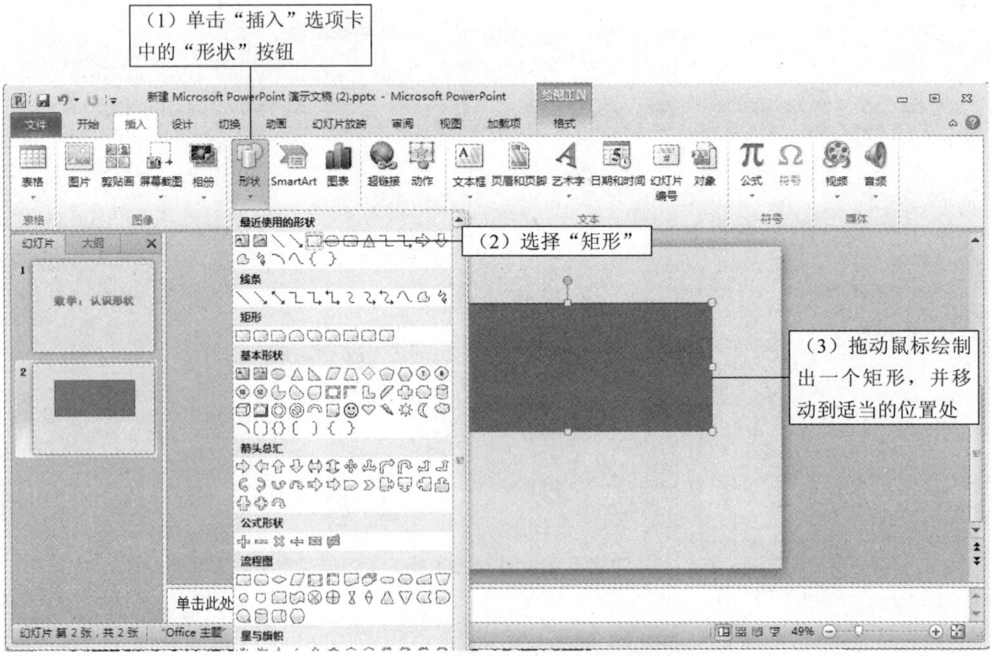

图5-2-4　插入自选图形

五、插入文本框

单击“插入”选项卡中的“文本框”按钮可插入文本框，如图5-2-5所示。

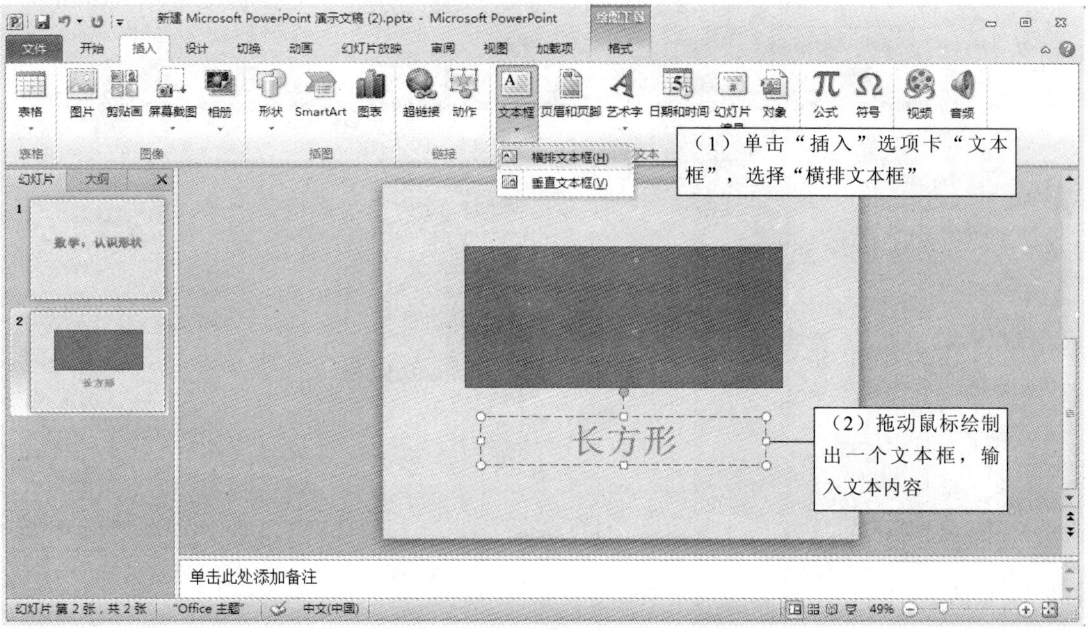

图5-2-5　插入文本框

按上面的步骤要求，完成圆形、三角形的幻灯片内容，效果如图5-2-6所示。

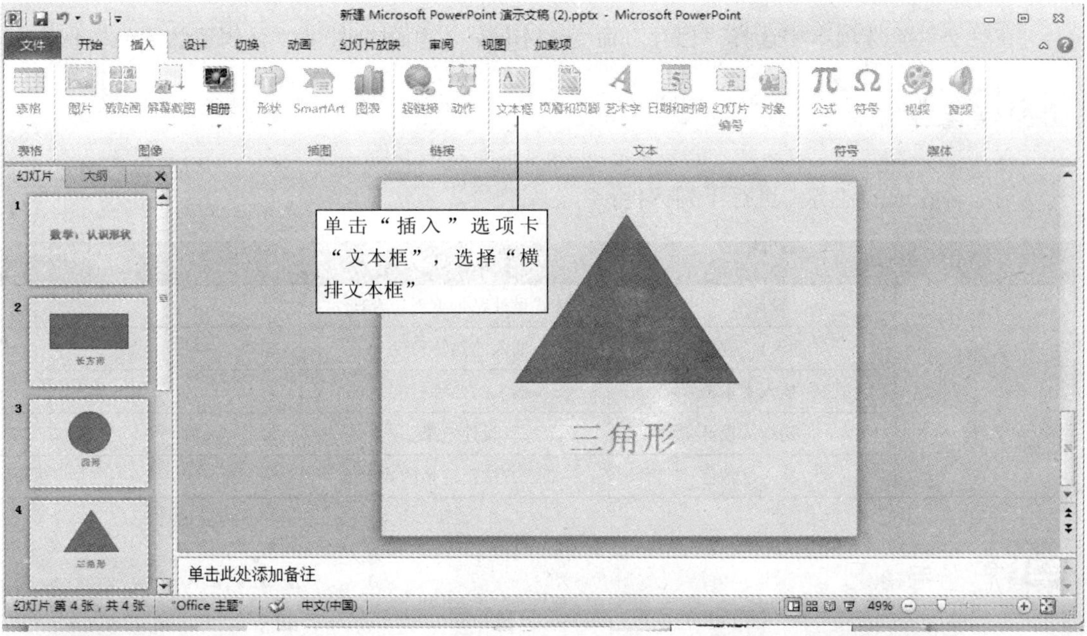

图5-2-6　编辑效果

六、插入声音

在幻灯片文稿的结束页，插入欢快的音乐，使小朋友们对此更有兴趣，如图5-2-7所示。

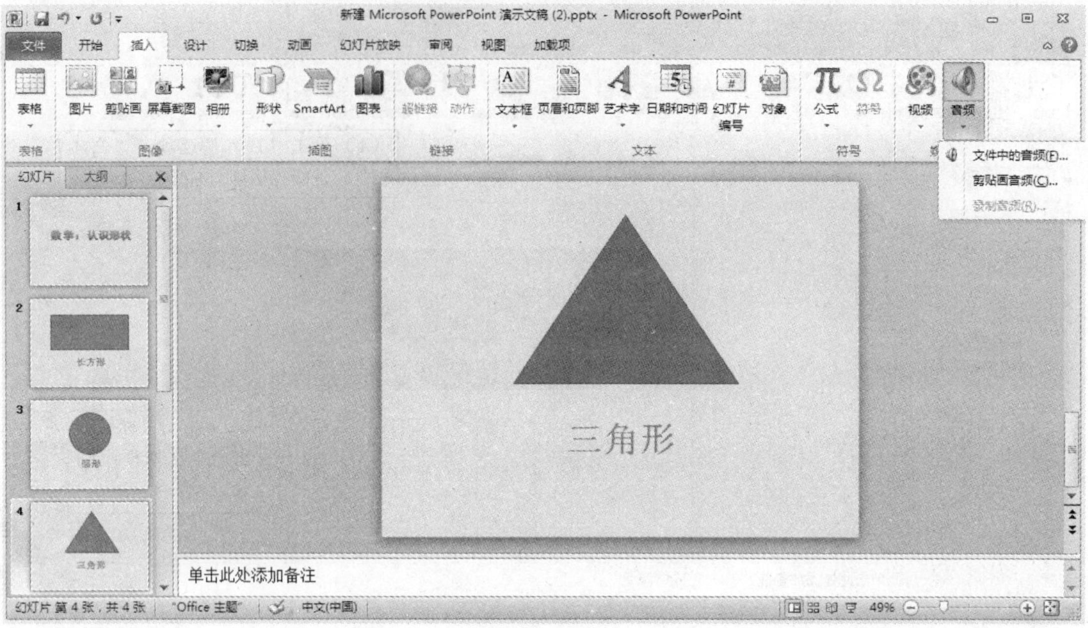

图5-2-7　插入声音

七、保存演示文稿

在“文件”选项卡中选择“保存”命令，本演示文稿以文件名“认识形状.pptx”保存。

学习评价

请结合完成的任务，进行下列评价：

评价内容	评价项目	评价内容	自我评价	改进措施
制作《数学课：认识形状》	设计版式	版式设计是否美观、合理		
	插入自选图形	插入的熟练程度		
	插入文本框	插入的熟练程度		
	幻灯片设计	设计效果		
	插入艺术字	插入方法及选择的效果		

思考与练习

设计一个介绍学校的PPT，充分发挥自己的想象力。

任务三 《卖火柴的小女孩》的制作

学习目标

通过学习本任务，你将能够：

（1）学习插入图片的方法、并且熟练掌握幻灯片的自定义动画的设置、幻灯片切换方式的设置方法；

（2）可以独立制作出图文并茂的演示文稿。

任务描述

《卖火柴的小女孩》是丹麦著名童话故事作家安徒生的一篇著名的童话故事。为配合该故事的情境，版面设计要生动、新颖，利用幻灯片版式和母版的设计使整个PPT丰富生动。

任务分析

要想达到理想的效果，编辑时要注意以下几点（1）版式的设计、文字效果等；（2）使图片更有设计感，整体设计多元化；（3）围绕主题内容，丰富直观。

任务实施

一、新建幻灯片

选择“开始”功能区中“新建幻灯片”按钮，选择标题幻灯片，就创建出一张幻灯片，如图5-3-1所示。

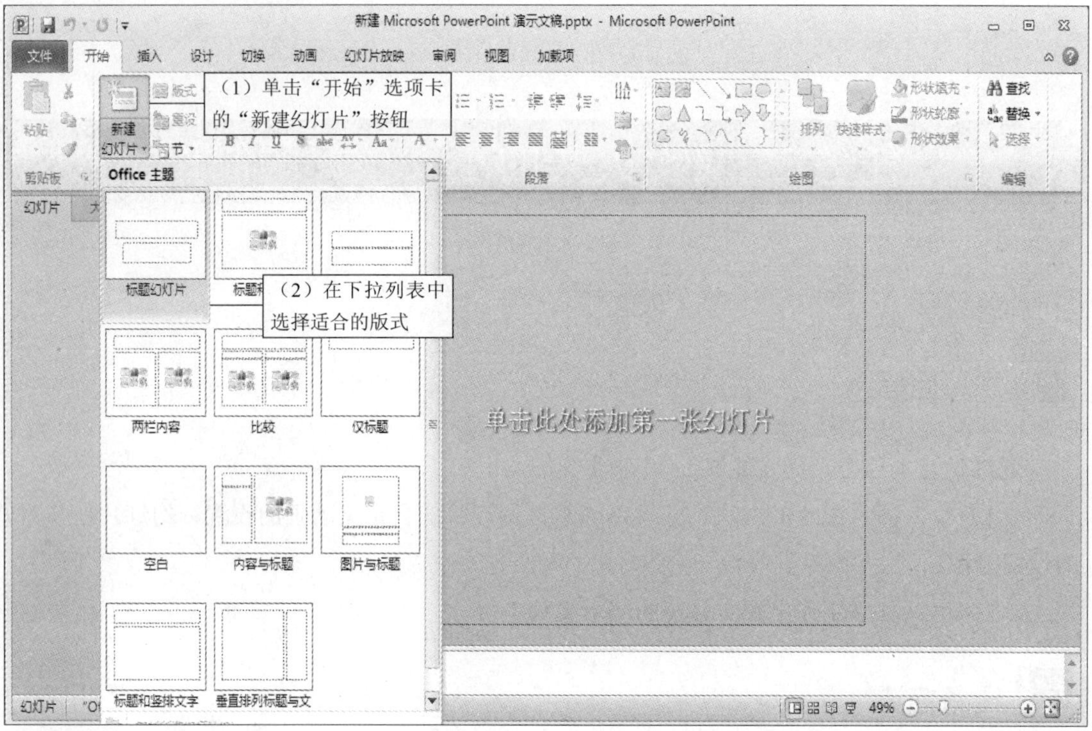

图5-3-1　新建幻灯片

二、编辑内容

在演示文稿页面上方的一个虚线框处单击，输入标题“卖火柴的小女孩”，在第二个虚线框内单击，输入作者，并在“开始”选项卡的“字体”功能区中根据需要设置相应的字体、字号、加粗、颜色等内容，如图5-3-2所示。

三、文本格式

为了更好地修饰内容，还可以设置文字的格式，包括字体、字号、颜色等，下面通过一个练习来学习相关操作。

（1）字体和字号：

① 启动PowerPoint，自动打开一个空白文档，先删除里面的两个空白文本框。

② 单击“插入”→“文本框”→“横排文本框”命令，插入一个横排文本框，输入文字“第二课 文本格式”。

③ 把文本框拖到上方正中间，然后选中里面的文字，如图5-3-3所示。

④ 在上边的工具栏中点击字体旁边的下拉按钮，在弹出的下拉列表中选择“黑体”，再单击字号旁边的下拉按钮，选择“36”。

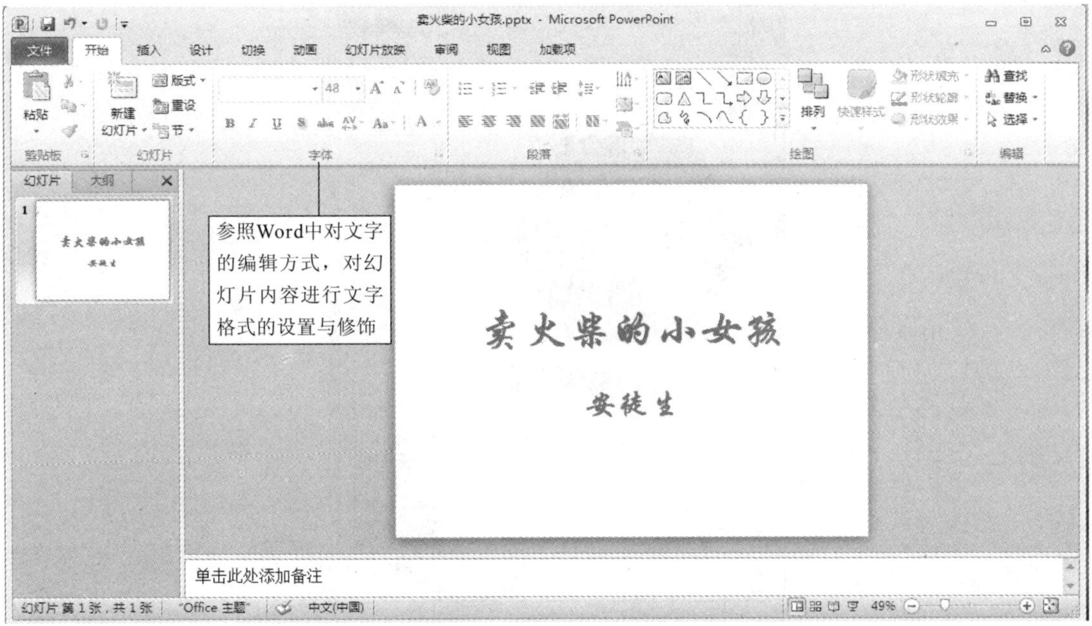

图5-3-2　编辑文字

图5-3-3　选中文本框中文字

（2）文字颜色：

① 颜色图标是一个大写字母A，旁边有下拉按钮，如图5-3-4所示。

② 单击颜色图标旁边的下拉按钮，在弹出的面板中选择“其他颜色…”命令，如图5-3-5所示。

图5-3-4　颜色图标

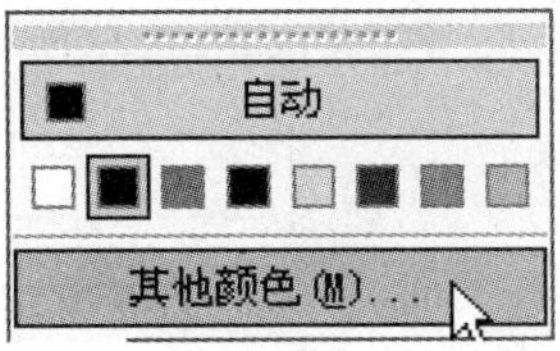

图5-3-5　选择“其他颜色”命令

③ 在打开的“颜色”对话框选择一种蓝色，单击“确定”按钮，如图5-3-6所示。

在空白处点一下，这时文字的颜色就设成了蓝色，一般投影上文字多用深色，背景用浅色。

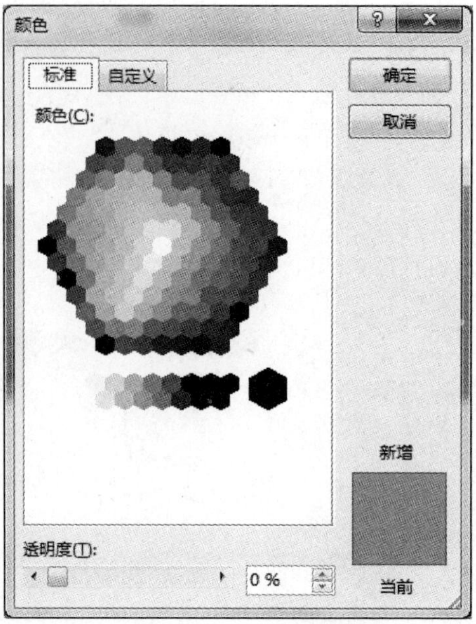

图5-3-6 “颜色”对话框

（3）设置背景：利用背景样式功能为演示文稿设置背景，并应用于整个演示文稿，具体操作步骤如图5-3-7所示。

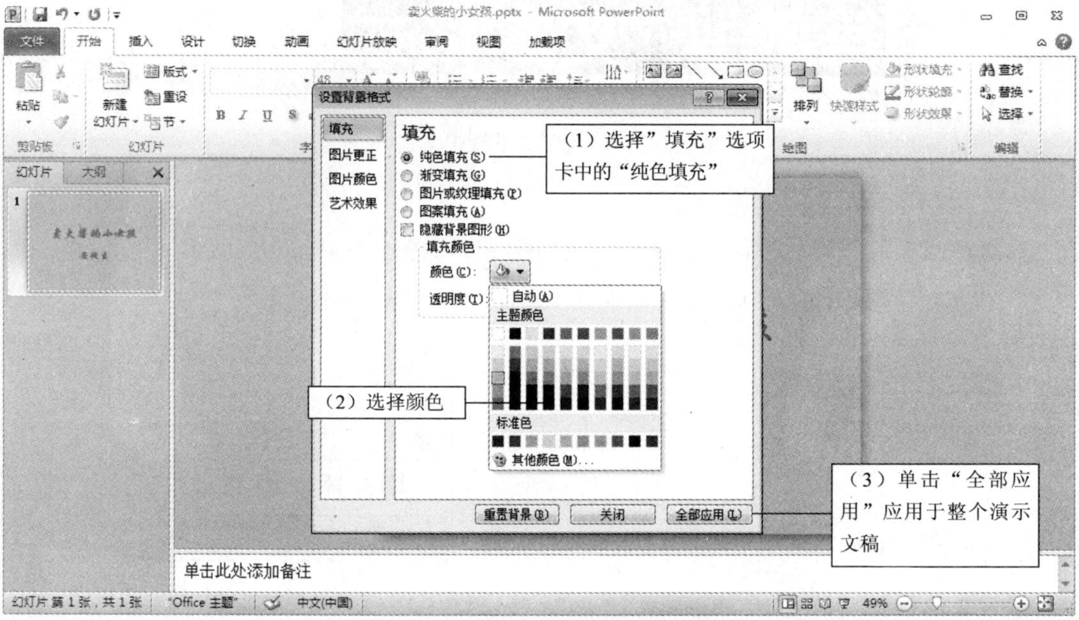

图5-3-7 编辑标题页

四、插入图片

为本演示文稿第一张幻灯片中插入图片，具体操作步骤如图5-3-8所示。

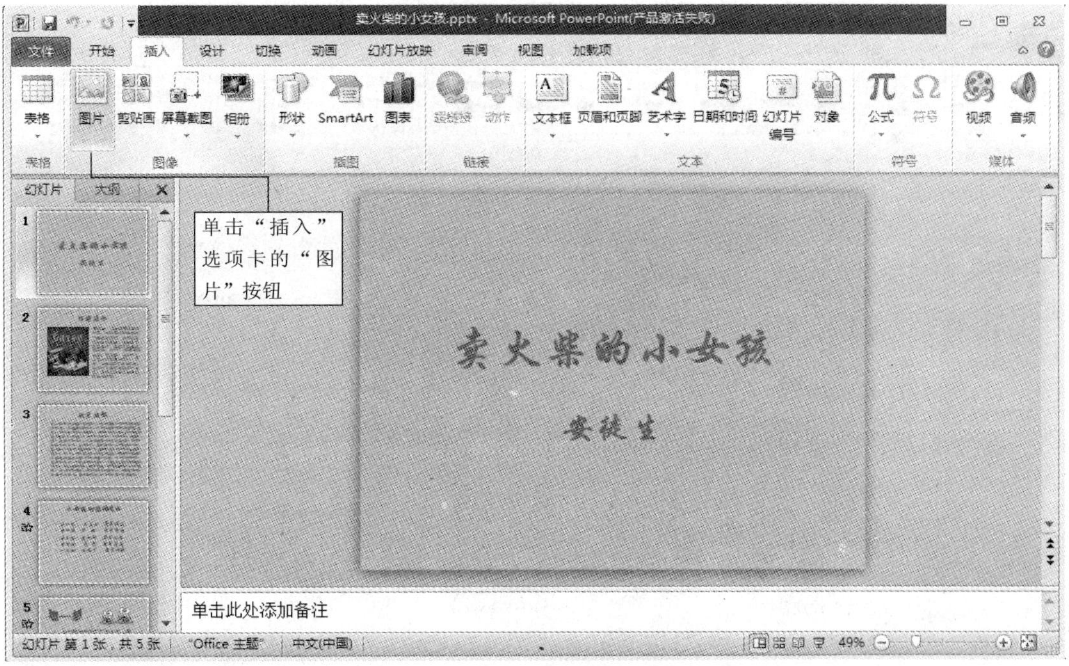

（a）单击“图片”按钮

（b）选择要插入的图片

图5-3-8　插入图片

（c）图片插入完成

图5-3-8　插入图片（续）

插入图片之后，可以通过拖动鼠标的方式，自由摆放位置。图片大小的设置与Word中设置方式相同，可根据需要适当调节。最终效果如图5-3-9所示。

图5-3-9　第一页幻灯片效果图

五、设置自定义动画

在PPT的设计中，动态的自定义动画效果会让整个PPT生动、活跃起来，同时，自定义动画也是PPT制作过程中的一个精髓所在。自定义动画的种类多种多样,它将为整个PPT起到画龙点睛的作用。具体操作步骤如图5-3-10所示。

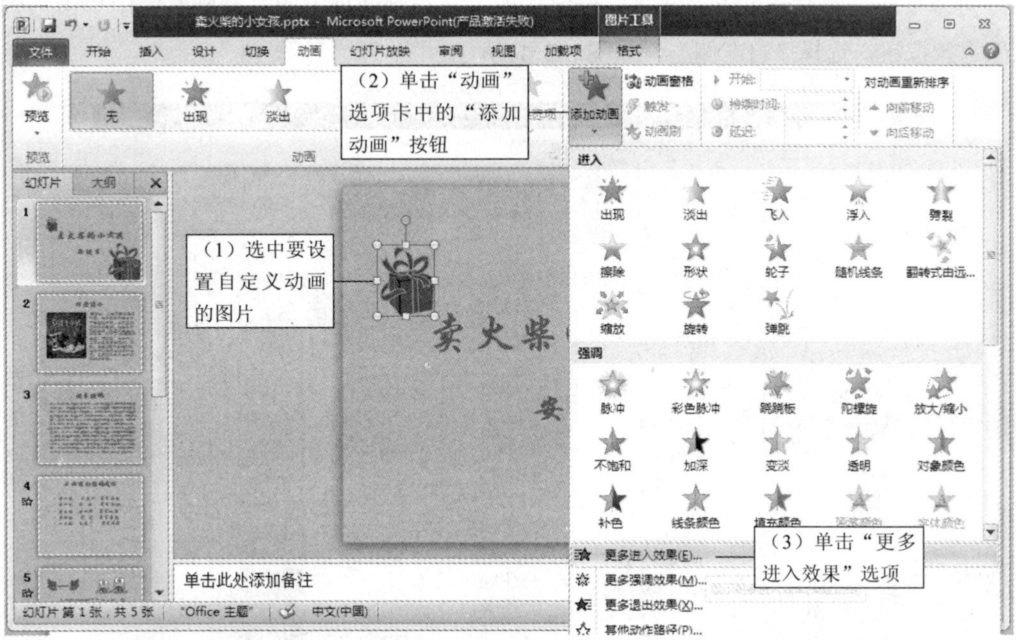

（a）选择“更多进入效果”命令

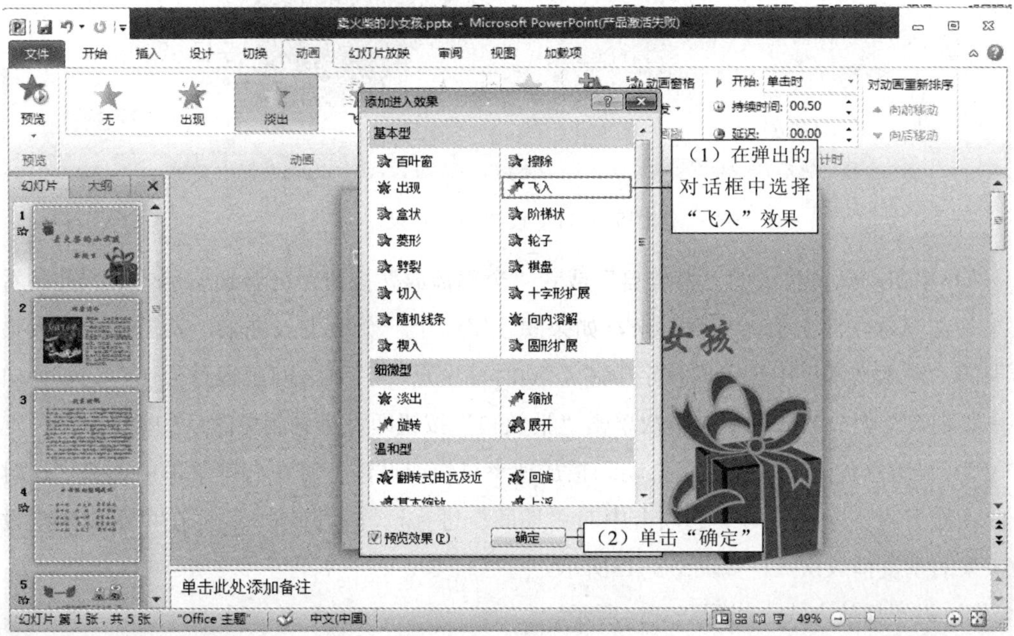

（b）选择效果

图5-3-10 自定义动画

六、设置自定义效果

（1）设置播放效果。此时，在文字左侧就会出现数字标注，表示动画添加成功。单击“动画”→“动画窗格”按钮，在PPT右侧弹出“动画窗格”浮动面板。选中动画窗格中的对象，右击，在弹出的快捷菜单中选择“效果选项”命令，在打开的对话框“效果”选项卡中设置方向为“从左侧”，单击“确定”按钮。或者在动画选项卡的“动画”区中单击“效果选项”下拉按钮，选择“自左侧”，如图5-3-11所示。

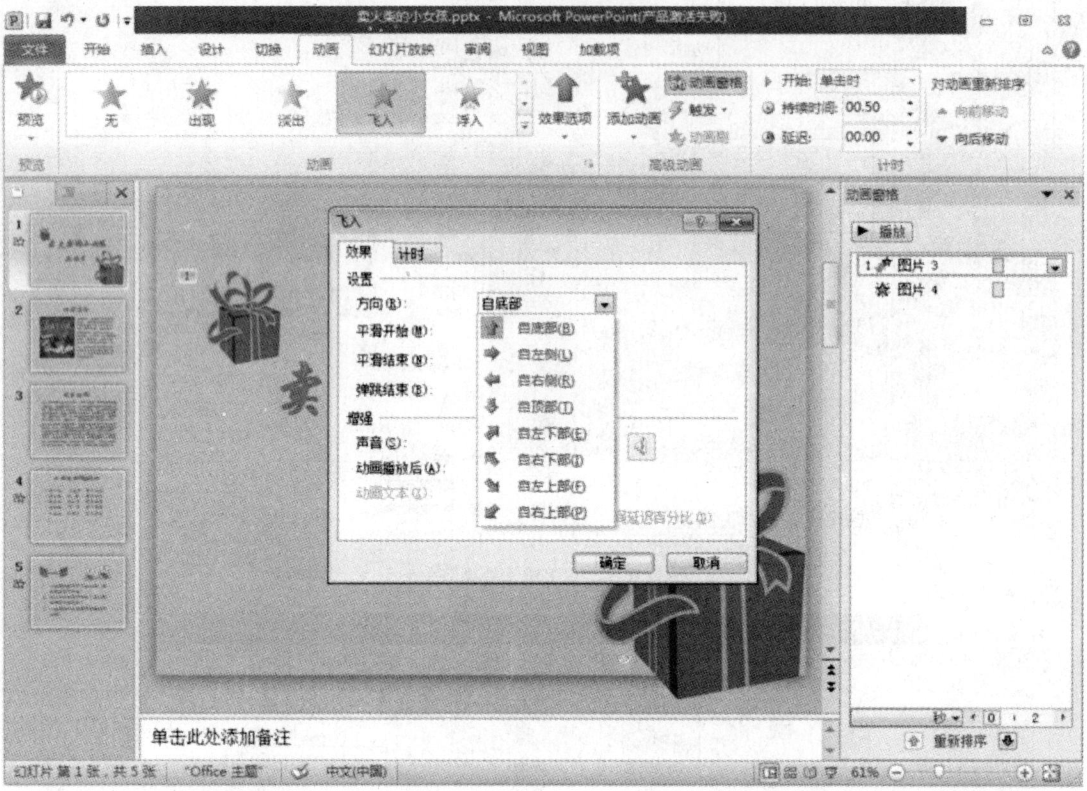

图5-3-11　设置动画效果

（2）单击动画窗格中的“播放自”或者“全部播放”按钮即可看到演示效果。此时看到的效果是文字从左向右整体飞入进来，如果想让字一个一个地飞入进来，就需要在“效果”选项卡的“动画文本”中设置“按字/词”，同时可设置“字/词之间延迟百分比”，以使出现效果更美观，如图5-3-12所示。再次单击“播放自”按钮即可查看到更改后的效果。

（3）设置播放速率。如果觉得动画播放速率过快或过慢，可在右键菜单中选择“计时”命令，在打开对话框“计时”选项卡中对“期间”进行设置。另外，还可在“重复”中设置动画效果的重复播放次数，如图5-3-13所示。

（4）设置播放方式，如图5-3-14所示。

图5-3-12　设置文字效果

图5-3-13　设置播放速率

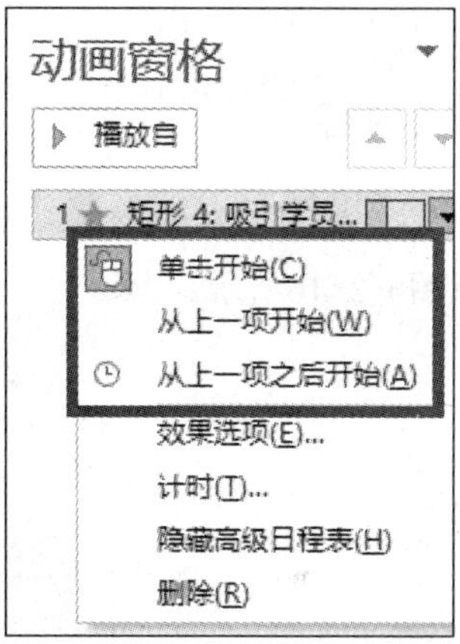

图5-3-14　设置播放方式

① 一般添加完动画效果后，默认的播放方式为“单击后开始”，即只有单击鼠标才能够执行动作。

② 如果希望在上一个动画结束后直接播放，可右击对象，在弹出的快捷菜单中选择“从上一项之后开始”命令。

③ 如果希望和上一个动画一起开始，则选择“从上一项开始”。

④ 如果希望和上一个动画之间有一定的时间间隔，可右击对象，在弹出的快捷菜单中选择“计时”命令，在打开的对话框的“计时”选项卡下，设置延迟的时间，如图5-3-15所示。

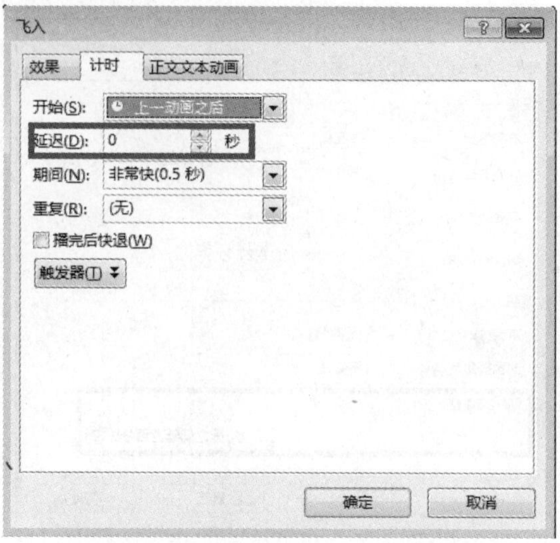

图5-3-15　设置延迟时间

利上面的方法，为幻灯片中的另一张图片设置“淡出”的自定义动画效果。

七、编辑内容

在第二页幻灯片中插入文本框，作为标题以及正文，并且搭配图片，使整体的页面生动起来，效果如图5-3-16所示。

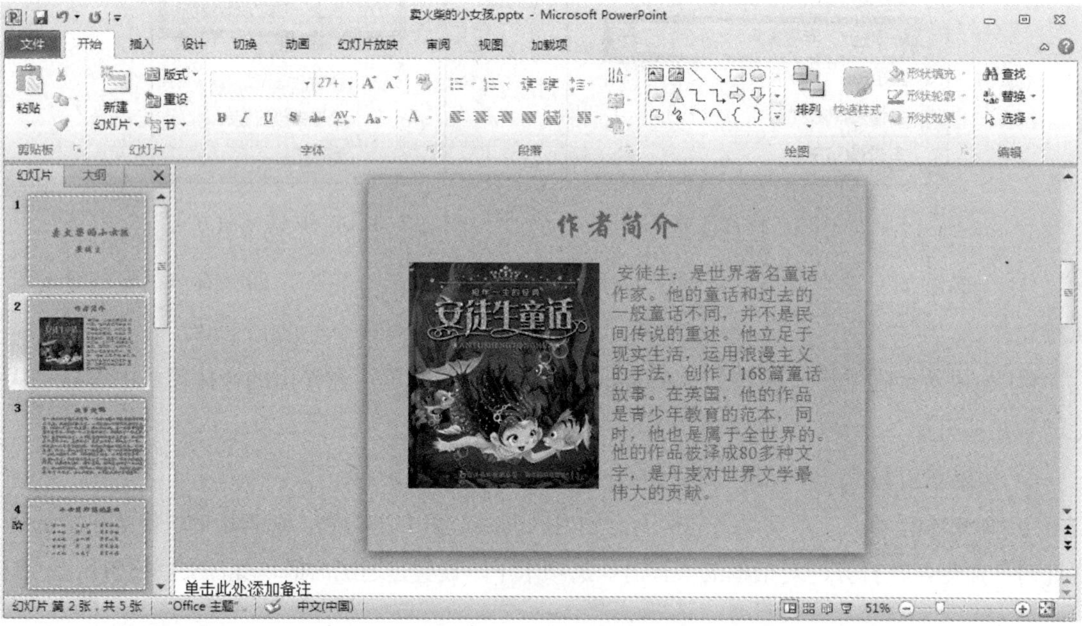

图5-3-16　第二页幻灯片效果

编辑完文字之后，添加自定义动画，之前第一页幻灯片设置的效果为“进入”，本页幻灯片主要应用的是“强调”效果，如图5-3-17所示。

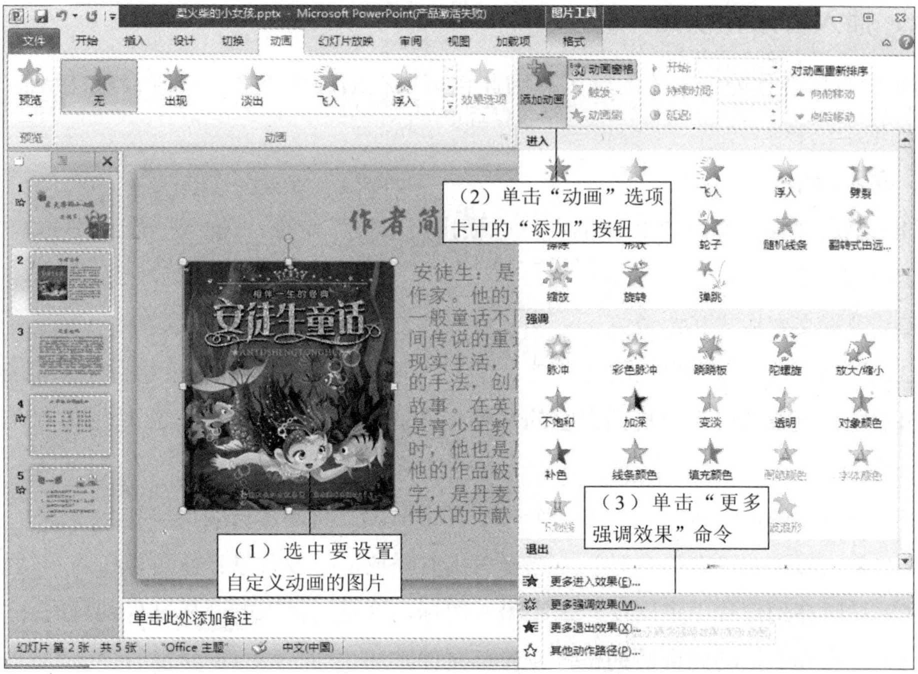

（a）选择“更多强调效果”

（b）选择“陀螺旋”效果

图5-3-17　编辑“强调”效果

给幻灯片插入合适的自定义动画。

八、插入音乐和视频

动听的音乐往往能带来美的感受，因此也可以在幻灯片中插入一首音乐，从而为自己的演示文稿增添色彩。

1．插入音乐

（1）单击“插入”→“文本框”→“横排文本框”命令， 插入一个水平文本框，输入文字“插入音乐”。

（2）设置文本格式和背景色。

（3）复制一首音乐到自己的文件夹，单击“插入”→“音频”→“文件中的音频”

（4）在“查找范围”中找到自己的文件夹，音乐提前要放到自己的文件夹中，跟幻灯片文件放一起。

（5）单击“确定”按钮，弹出一个提示对话框，询问是否自动播放。

（6）单击右边的“在单击时”，选择单击时播放，一般背景音乐可以设为自动播放。

（7）这时在幻灯片中央出现一个小喇叭图标，这就是插入的音乐文件的标志。

（8）把小喇叭拖动到合适的位置，保存文件。

2．背景音乐

（1）单击“插入”选项卡，插入一张新幻灯片，输入文字“背景音乐”，设置好格式。

（2）单击“插入”→“音频”→“文件中的音频”，按照刚才的方法插入一首音乐。

（3）出现提示对话框时，选第一个“自动”，在中间出现一个小喇叭。

（4）由于是背景音乐，小喇叭图标可以隐藏起来，把它拖到左边的灰色区域中，这样播放时就看不到。

（5）保存文件，点菜单“幻灯片放映”→“从头开始”，看一下音乐的播放效果。

3．插入视频

（1）插入视频的方法与插音乐的方法相同，先复制一个视频到自己文件夹，然后单击“插入”→“视频”→“文件中的视频”。

（2）视频当中既有图像也有声音，效果比较好，缺点是占用空间较多，另外视频文件也需要提前复制过来，同幻灯片文件放在一起。

（3）插入视频后拖动白色小圆圈控制点，改变图像大小。

九、保存演示文稿

在“文件”选项卡中选择“保存”命令，文件名“卖火柴的小女孩.pptx”保存。

学习评价

请结合完成的任务，进行下列评价：

评价内容	评价项目	评价内容	自我评价	改进措施
制作《卖火柴的小女孩》	插入图片	插入的方法及效果		
	设置自定义动画	设置方法及效果		
	设置幻灯片切换	设置方法及效果		
	插入音频	设置方法及效果		
	插入视频	插入方法及播放效果		

思考与练习

设计一个圣诞节的PPT，充分发挥自己的想象力。